D1675436

Diplomica Verlag

Thomas Kellner

Erneuerbare Energien im Mehrfamilienhaus

Einsatz regional regenerativer Energieträger anstelle von Erdöl für Mehrfamilienwohnanlagen

Kellner, Thomas: Erneuerbare Energien im Mehrfamilienhaus. Einsatz regional regenerativer Energieträger anstelle von Erdöl für Mehrfamilienwohnanlagen, Hamburg, Diplomica Verlag GmbH

ISBN: 978-3-8366-7493-5

Bibliographische Information der Deutschen Bibliothek

Die Deutsche Bibliothek verzeichnet diese Publikation in der Deutschen Nationalbibliografie; detaillierte bibliografische Daten sind im Internet über http://dnb.ddb.de abrufbar.

Die digitale Ausgabe (eBook-Ausgabe) dieses Titels trägt die ISBN 978-3-8366-2493-0 und kann über den Handel oder den Verlag bezogen werden.

Inhaltsverzeichnis

Abbildungsverzeichnis

Tabellenverzeichnis

Abkürzungsverzeichnis

° C	Grad Celsius
Abs.	Absatz
bzw.	beziehungsweise
d.h.	das heißt
EB	Energie- Bereitstellung
etc.	et cetera
gem.	gemäß
GWh	Giga Watt Stunde
HGT	Heizgradtage
Hrsg.	Herausgeber
http	Hypertext Transfer Protocol
inkl.	inklusive
km²	Quadratkilometer
kWh	Kilo Watt Stunde
kWh /(m²a)	Kilo Watt Stunde pro Quadratmeter und Jahr
m / s	Meter pro Sekunde
m³	Kubikmeter
MWh	Mega Watt Stunde
sog	so genannt
Srm	Schüttraummeter
u	und
URL	Universal Resoure Locator
va.	vor allem
vgl.	vergleiche
WEG 2002	Wohnungseigentumsgesetz 2002
www	World Wide Web
t / (ha a)	Tonne pro Hektar und Jahr
z.B.	zum Beispiel

1 EINLEITUNG

1.1 Motivation

In der Hausverwaltung werden die Mitarbeiter täglich mit steigenden Betriebskosten konfrontiert. Ein großer Teil dieser Kosten wird in der Zwischenzeit durch die Heizkosten verursacht. In den letzten Jahren ist die Kostenschere zwischen Gebäuden mit Ölheizung und Gebäuden mit anderen Heizsystemen, immer weiter auseinander gegangen. Auch der Ruf vieler Eigentümer, auf alternative Energieträger umzusteigen, wird lauter. Die Firma Pinzgauer Haus ist seit über 30 Jahren als Hausverwalter im Raum Pinzgau tätig und verwaltet ca. 3.000 Wohneinheiten. Betroffen von der Kostenexplosion sind dabei überwiegend Gebäude, welche in den 70er bis 80er Jahren errichtet wurden. Dies liegt vor allem daran, dass zu dieser Zeit billigst gebaut und auf Wärmedämmung keine Rücksicht genommen wurde, da Energie zu dieser Zeit sehr günstig war. Daher fallen diese Gebäude in die Wärmeschutzklassen D – F (Heizwärmebedarf 90 – 120 kWh/(m²a)). Derzeit werden von der Firma Pinzgauer Haus 28 Wohnanlagen verwaltet, welche zusammen rund 750.000 Liter Heizöl im Jahr verbrauchen[1]. Die Bruttogeschoßflächen der Anlagen liegen überwiegend zwischen 500 – und 4000m². Als verantwortungsvolle Hausverwaltung ist die Firma Pinzgauer Haus ist nun gefordert, sich für die Zukunft zu rüsten und Alternativen zu Heizöl-betriebenen Anlagen zu finden.

1.2 Ziel der Studie

Das Ziel dieser Studie ist einerseits die Ausarbeitung und Bewertung der zur Verfügung stehenden regional regenerativen Energieträger in der Gebirgsregion Pinzgau. Andererseits soll anhand eines Beispiels gezeigt werden, welche Voraussetzungen gegeben bzw. welche Schritte unternommen werden müssen, um die jeweils richtige Energiequelle für ein Gebäude zu finden.

Basierend auf den eben genannten Zielen ergibt sich für diese Studie folgende Forschungsfrage:

> Welche regional regenerativen Energieträger können in Zukunft anstelle von Erdöl für Mehrfamilienwohnanlagen im Pinzgau eingesetzt werden?

---

[1] siehe Anhang A1: Gebäude mit Ölheizungen Fa. Pinzgauer Haus Immobilientreuhand

1.3 Relevanz des Themas für Immobilienwirtschaft & Facility Management

Facility Management begleitet eine Immobilie über den gesamten Lebenszyklus. Es liegt nahe, dass die Erneuerung einer Heizanlage überdacht und auch zukunftsorientiert durchgeführt werden muss. Um die richtige Entscheidung treffen zu können, welches System eingebaut wird, müssen zuerst die nötigen Informationen eingeholt und alle möglichen Varianten geprüft werden. Dabei spielen nicht nur die Anschaffungskosten, sondern auch die Folgekosten eine wichtige Rolle. Auch aus Investorsicht ist insbesondere die Höhe der Betriebskosten von Bedeutung. Diesbezüglich sind langfristig stabile und vor allem kalkulierbare Heizkosten von Vorteil.

2 ALLGEMEINE INFORMATIONEN ÜBER DEN RAUM PINZGAU

Der Pinzgau (politischer Bezirk Zell am See) ist neben dem Pongau, Lungau, Tennengau und Flachgau der fünfte Bezirk des Bundeslandes Salzburgs. Auf einer Gesamtfläche von 2.622 km² leben laut der Volkszählung von 2001 rund 84.000 Menschen. Die flächenmäßig kleinste Gemeinde ist Lend mit einer Fläche von 29 km². Die flächenmäßig größte Gemeinde ist Rauris, mit einer Fläche von 233 km².[2] Die durchschnittliche Bevölkerungsdichte im Pinzgau beträgt 32 Einwohner / km². Für das gesamte Bundesland Salzburg beträgt diese im Vergleich dazu 72 Einwohner / km².[3]

2.1 Seehöhe

Der Pinzgau ist auch als Gebirgsgau bekannt. Dies zeigt sich auch in Abbildung 1. Deutlich zu erkennen ist, dass nur die Gemeinde Unken unterhalb einer Seehöhe von 600m liegt. Die Gemeinde Krimml liegt über 1000m Seehöhe. Die mittlere Seehöhe der Pinzgauer Gemeinden beträgt rund 760m.

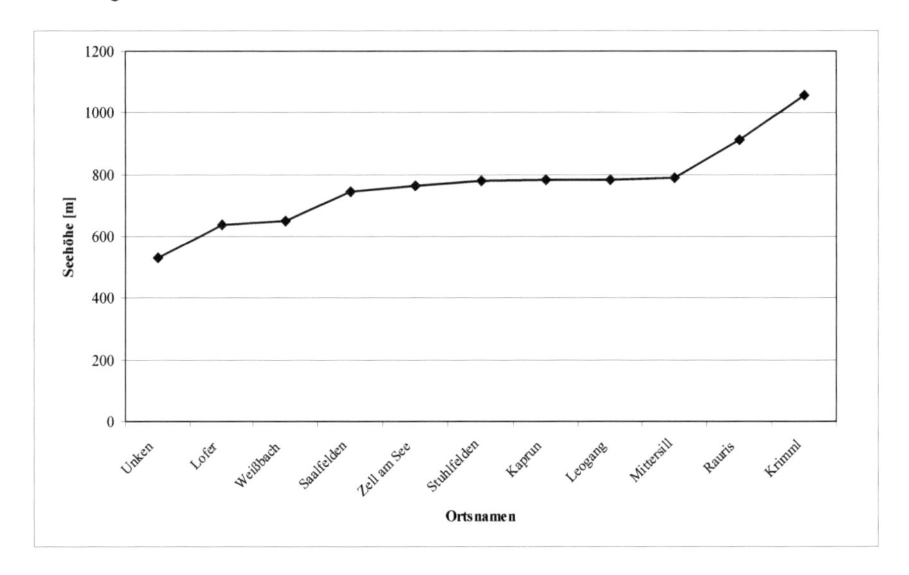

Abbildung 1: Seehöhe Pinzgauer Gemeinden[4]

---

[2] URL: http://www.statistik.at [29.02.2008]
[3] URL: http://www.statistik.at/web_de/statistiken/bevoelkerung/volkszaehlungen/index.html [06.03.2008]
[4] Quelle: Daten modifiziert übernommen aus: Jaurowetz, 1997, S 137 f.,
[4] Eigene Darstellung

2.2 Heizgradtage

Heizgradtage (HGT) geben den Wärmeverbrauch in einer Heizperiode wieder und berechnen sich aus dem Unterschied zwischen der mittleren Raumtemperatur und der mittleren Außentemperatur[5]. Bei einer $HGT_{20/12}$ Berechnung wird als mittlere Raumtemperatur 20°C angesetzt. Der zweite Wert gibt an, ab welcher mittleren Tagesaußentemperatur (in diesem Fall 12°C) die Werte zur Berechnung heran gezogen werden. Beträgt z.B. die mittlere Tagesaußentemperatur -10°C, so werden an diesem Tag 30 Heizgradtage notiert.

Beträgt z.B. die Temperatur 30 Tage lang -10°C und die mittlere Raumtemperatur +20°C, dann werden in diesem Monat 30*30= 900 Heizgradtage gemessen.

In der folgenden Grafik werden die Heizgradtage einiger Gemeinden gezeigt.

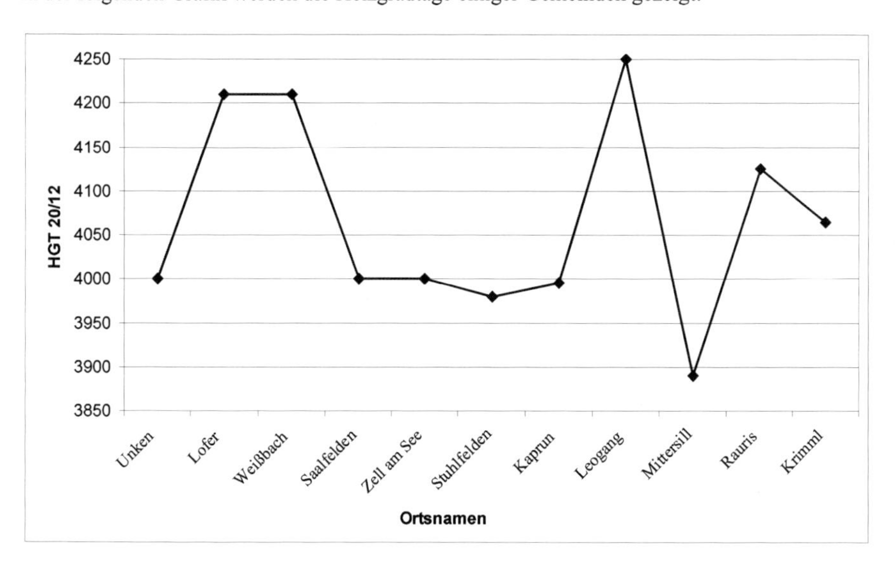

Abbildung 2: Normwerte Heizgradtage $HGT_{20/12}$ einiger Gemeinden im Pinzgau[6]

Die oben dargestellten Werte sind Normwerte der Gemeinden. Zu erkennen ist, dass sich die Seehöhe nicht unbedingt in den Heizgradtagen widerspiegelt. So hat Mittersill die niedrigsten Heizgradtage der Pinzgauer Orte, obwohl diese Gemeinde eine der höher gelegenen Gemeinden ist (789m). Hingegen hat Krimml (mit 1.057m Seehöhe die höchste Gemeinde des Pinzgaues) mit 4.065 Heizgradtagen einen weit geringeren Wert als Leogang, obwohl

---

[5] Vgl. Schramek, 2007/2008, S. 14 f.

[6] Quelle: Daten modifiziert übernommen aus: Jauschowetz, 1997, S. 137 f.

[6] Eigene Darstellung

Leogang mit 784m Seehöhe 273m tiefer liegt. Daraus lässt sich schließen, dass nicht nur die Seehöhe, sondern auch die Himmelsrichtung des Tales eine Rolle spielt.

In Abbildung 3 werden die Heizgradtage der Gemeinden Saalfelden und Lofer mit Werten der Stadt Salzburg verglichen.

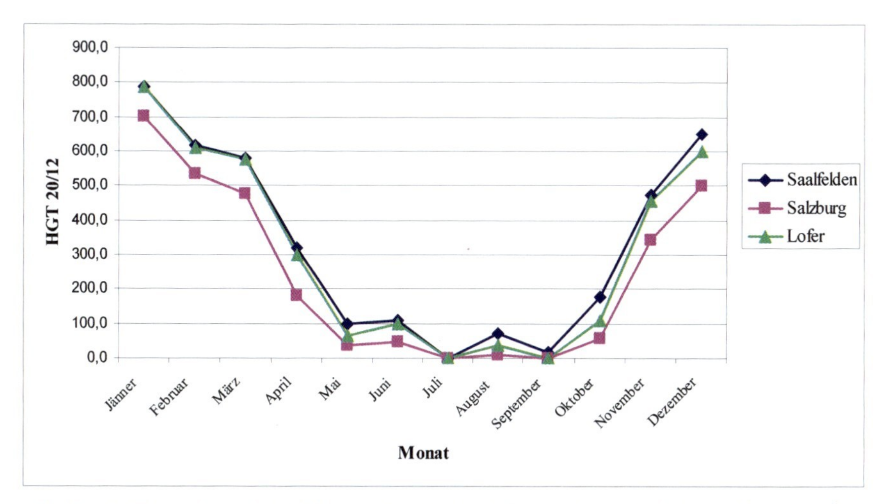

Abbildung 3: Heizgradtage Stadt Salzburg im Vergleich mit den Gemeinden Saalfelden und Lofer 2006[7]

Gut zu erkennen ist, dass die Zahl der Heizgradtage saisonal bedingt stark schwankt. Vor allem im Dezember, Jänner und Februar wird die meiste Energie zum Heizen benötigt. Im Durchschnitt wurden 2.891 Heizgradtage für die Stadt Salzburg im Jahr 2006 ermittelt. Die Gemeinden Saalfelden und Lofer liegen über dem Schnitt der Landeshauptstadt. Die Summe der Heizgradtage im Jahr 2006 betrug in Saalfelden 3.900 und in Lofer 3.638

Der Mittelwert des Bundesland Salzburg liegt bei 3.058 Heizgradtagen. Dies zeigt deutlich, dass der Pinzgau aufgrund seiner geografischen Lage bzw. auch Höhenlage weit mehr Heizgradtage ausweist als der Durchschnitt des Salzburger Landes. Im Vergleich dazu liegt der langjährige $HGT_{20/12}$ Mittelwert der Stadt Frankfurt bei 3378 und in Freiburg bei 3058[8].

---

[7] URL: http://www.thomatal.at/DocMan/Public/Files16/ZAMG_HGT_abo_20112007.xls [17.05.2008]

[7] Eigene Darstellung

[8] http://www.iwu.de/fileadmin/user_upload/dateien/energie/werkzeuge/ephw-toolbox.pdf [09.02.2009]

2.3 Sonneneinstrahlung

Die Sonne ist der wichtigste Energieträger der Erde. Sie ist grundsätzlich unbegrenzt und überall auf der Erde verfügbar. Die Grundlagen des solaren Strahlenangebots und die unterschiedlichen Techniken zur Nutzung dieses Energieträgers werden an späterer Stelle noch intensiver behandelt.

In Abbildung 4 wird die solare Einstrahlung einzelner Gemeinden dargestellt. Hier wird die unterschiedliche Strahlungsintensität aufgrund der Einstrahlungsrichtung auf eine senkrechte (Nord, Süd, Ost – West) bzw. horizontale Fläche gezeigt.

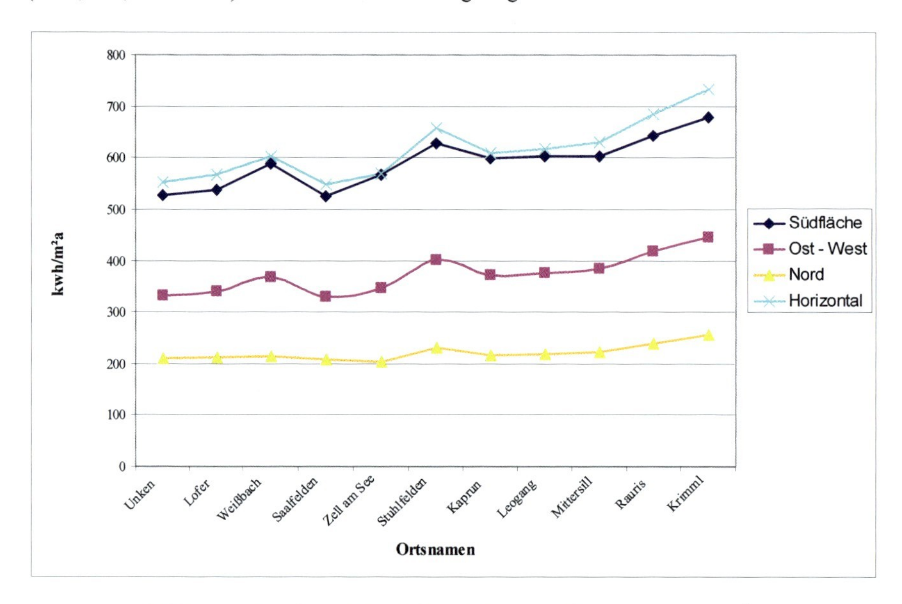

Abbildung 4: Solare Einstrahlung in kWh/m²a einiger Gemeinden im Pinzgau[9]

Vor allem die Strahlungsleistung auf eine nördliche Fläche fällt gering aus. Die größte Intensität wird auf eine horizontal zur Sonne stehenden Fläche gemessen. Die geringste solare Einstrahlung wird in der Gemeinde Unken bzw. Saalfelden erreicht. Die höchsten Werte wurden in der Gemeinde Krimml gemessen.

---

[9]Quelle: modifiziert übernommen aus URL: http://www.oib.or.at/ [11.03.2008]; siehe dazu auch Anhang A2

[9] Eigene Darstellung

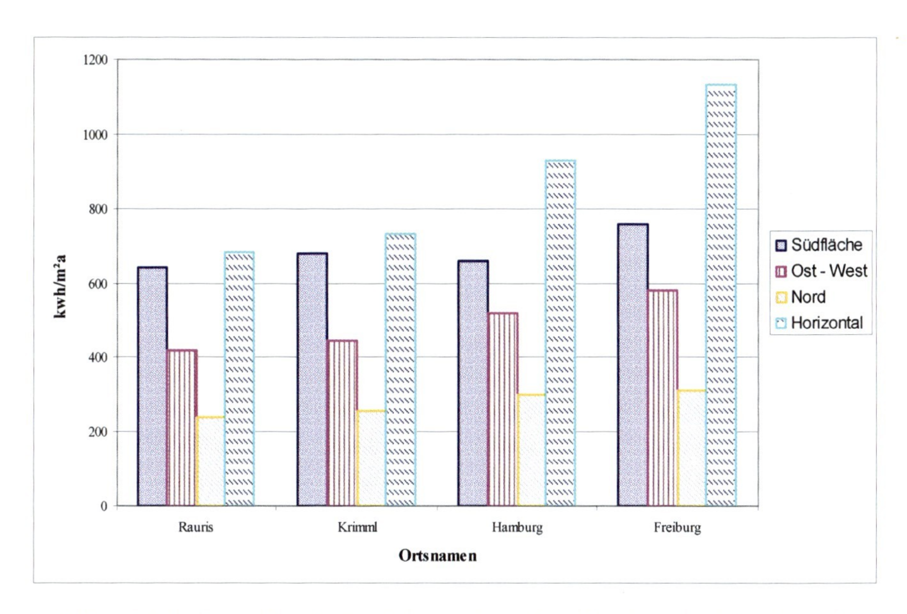

Abbildung 5: Solare Einstrahlung der Gemeinden Rauris und Krimml im Vergleich mit Hamburg und Freiburg[10]

Im Vergleich zu den deutschen Städten Hamburg und Freiburg zeigt sich, das die solare Einstrahlung in den Gebirgsgemeinden Rauris und Krimml deutlich geringer ausfällt. Vor allem die horizontale Einstrahlung fällt hier viel geringer aus.

Wie bereits in der Forschungsfrage benannt, werden regional regenerative Energiequellen für Mehrfamilienhäuser behandelt. Da der Begriff Mehrfamilienhäuser bisher nicht genau definiert wurde, wird nun im folgenden Kapitel festgelegt, was unter dem Begriff Mehrfamilienhäuser verstanden wird.

---

[10] Quelle: modifiziert übernommen aus URL: http://www.iwu.de/fileadmin/user_upload/dateien/energie/werkzeuge/ephw-toolbox.pdf [09.02.09]

3 ABGRENZUNG DES BETRACHTETEN GEBÄUDETYPS

Da es im Rahmen dieses Buches nicht möglich ist, alle am Markt befindlichen Gebäudetypen zu bearbeiten, wurde eine Abgrenzung festgelegt. Daher werden nur Mehrfamilienwohnhäuser mit einer Bruttogeschoßfläche von 500 bis 4.000m² betrachtet.

Als Mehrfamilienhäuser werden Gebäude gesehen, in denen mehr als drei Wohneinheiten untergebracht sind. Dieser Gebäudetyp wurde ausgewählt, da die Firma Pinzgauer Haus Immobilientreuhand GesmbH in der Funktion als Hausverwalter Mehrfamilienwohnanlagen betreut, die zumindest drei oder mehr Wohnungen beinhalten. Es ist dabei egal, ob es sich bei den Wohngebäuden um reine Eigentümergemeinschaften handelt oder um einen alleinigen Besitzer, der die Wohnungen vermietet. Interessant ist in diesem Zusammenhang vor allem die rechtliche Situation, welche sich aufgrund des Wohnungseigentumsgesetzes (WEG 2002) ergibt, wenn ein neues Heizungssystem eingebaut wird. Dieses Thema wird aber an späterer Stelle dieser Studie noch genauer erläutert.

Abbildung 6 zeigt die Anzahl der Mehrfamilienhäuser in den verschiedenen Gemeinden des Pinzgaus.

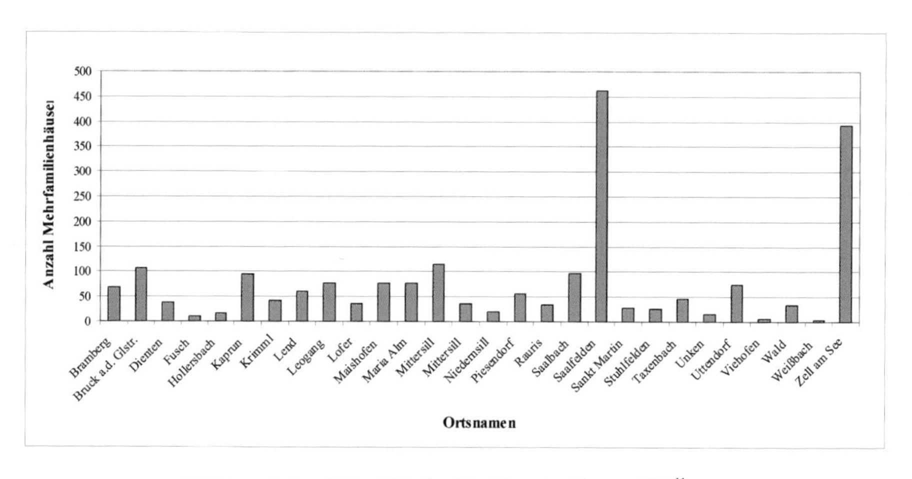

Abbildung 6: Anzahl der Mehrfamilienhäuser im Pinzgau 2001[11]

[11] Quelle: modifiziert übernommen aus: URL http://www.statistik.at/ [20.03.2008]
[11] Eigene Darstellung

Die Gemeinden Saalfelden und Zell am See weisen die größte Anzahl an Mehrfamiliengebäuden auf. Dies ist aber darauf zurück zuführen, dass diese beiden Gemeinden die bevölkerungsstärksten des Gaues sind. Insgesamt wurden bei der Volkszählung des Jahres 2001, 2.152 Gebäude ermittelt, die mehr als drei Wohnungen beinhalten. Da diese Zählung bereits sieben Jahre zurück liegt, ist diese Zahl aus heutiger Sicht sicherlich als zu niedrig einzustufen.

4 ERHEBUNG DER BETRACHTETEN MARKTGRÖßE

Wie bereits in Kapitel 3 erwähnt, wurden in der im Jahr 2001 durchgeführten Volkszählung der Statistik Austria rund 2.150 Mehrfamiliengebäude im Pinzgau ermittelt. Rund 40% dieser Gebäude wurden lt. Statistik Austria mit Heizöl beheizt, was 860 Gebäuden entspricht[12]. Aufgrund des langen Zeitraumes seit der Volkszählung wird angenommen, dass in der Zwischenzeit noch weitere Mehrfamilienwohnhäuser errichtet wurden. In wie vielen dieser Wohnanlagen noch Ölheizungen eingebaut wurden, lässt sich allerdings schwer abschätzen. Im Pinzgau werden also rund 850 bis 950 Mehrfamilienwohnhäuser mit Heizöl beheizt.

---

[12] siehe dazu Anhang A 4: Energieträger zur Gebäudeheizung bei Mehrfamilienwohnhäusern in den Pinzgauer Gemeinden

5 Regional Regenerative Energiequellen

Der Lebensstandard der westlichen Zivilisation wäre ohne Energie nicht mehr in dieser Form möglich. Wir benötigen Energie zur Zubereitung unserer Speisen, zur Körperpflege, zur Fortbewegung und nicht zuletzt zum Heizen unserer Unterkünfte.

Unter Energie wird die Fähigkeit eines Stoffes oder Systems verstanden, Arbeit zu leisten. Als Energieträger wird ein Stoff verstanden, aus dem direkt oder durch Umwandlung Nutzenergie gewonnen werden kann. Auf der Erde können grundsätzlich 3 Energieströme genutzt werden: Solarstrahlung, Erdwärme und Planentengravitation.[13]

Energievorräte werden in fossile und rezente Vorräte unterschieden. Neubart / Kaltschmitt beschreiben fossile Energievorräte als Vorräte, die in vergangenen geologischen Zeitaltern durch biologische und / oder geologische Prozesse gebildet wurden (z.B. Kohle, Erdgas und Erdöllagerstätten). Rezente Vorräte werden durch biologische und / oder geologische Prozesse in gegenwärtigen Zeiten gebildet (Energieinhalt der Biomasse oder die potentielle Energie des Wassers).[14]

Energieträger (Energievorräte) sind Stoffe, aus welchen durch eine oder mehrere Umwandlungen Nutzenergie gewonnen werden kann. Primärenergieträger wurden noch keiner Umwandlung unterzogen: Steinkohle, Erdöl, Biomasse, Windkraft, Sonnenenergie und Erwärme. Sekundärenergieträger wurden bereits einer oder mehrerer Umwandlungen unterzogen: z.B. Heizöl, Benzin, Rapsöl. Als Endenergie wird der Energieinhalt der Endenergieträger verstanden. Abzüglich der Verluste durch die letzte Umwandlung (z.B. Verluste bei der Verfeuerung von Hackgut) erhält man die zur Verfügung stehende Nutzenergie.

---

[13] Vgl. Neubarth / Kaltschmitt, 2000, S. 1 f.
[14] Vgl. Neubarth / Kaltschmitt, 2000, S. 3

In Abbildung 7 wird die Energieumwandlungskette von Primärenergie zur Nutzenergie dargestellt:

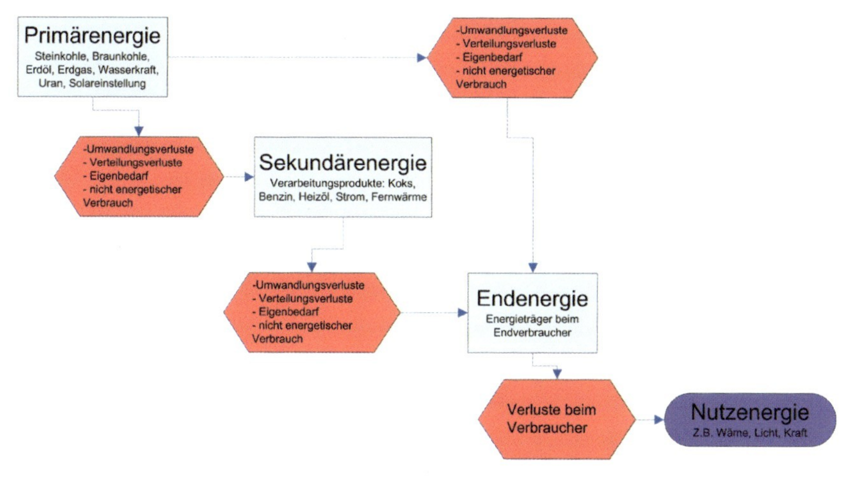

Abbildung 7: Energiewandlungskette[15]

Nachdem die Begriffe Energie und Energieträger kurz erläutert wurden, wird in den folgenden Kapiteln gezielt auf die unterschiedlichen Arten der im Pinzgau theoretisch verfügbaren Energieträger eingegangen.

5.1 Biomasse

Die ÖNORM M 7101:1996 definiert Biomasse als alle organische Stoffe biogener, nicht fossiler, Art und umfasst in der Natur lebende und wachsende Materie und daraus resultierende Abfallstoffe, sowohl von lebender als auch schon abgestorbener organischer Masse.

Pflanzen können mittels Photosynthese[16] Lichtenergie in chemische Energie umwandeln, d.h. durch die Photosynthese wird die Energie der Sonne in Biomasse umgewandelt. Allerdings kann nicht die gesamte eingestrahlte Energie eins zu eins gespeichert werden. Neubarth /

---

[15] Quelle: modifiziert übernommen aus: Kaltschmitt in: Kaltschmitt / Wiese / Streicher (Hrsg.), 2002, S. 3

[15] Eigene Darstellung

[16] Photosynthese: Pflanzen sind mittels Chlorophyll in der Lage, Sonnenlicht zu absorbieren und die dadurch gewonnene Energie dazu einzusetzen, aus energiearmen Grundbausteinen energiereichere Stoffe (Zucker) aufzubauen. Dabei wird von der Pflanze CO_2 aufgenommen und als Abfallprodukt O (Sauerstoff) abgegeben.

Kaltschmitt[17] spricht von einem Wirkungsgrad der bei nur ca. 5% liegt. Zusätzlich bleibt von diesen 5% abzüglich der Zersetzung (Humus), der unterirdischen Speicherung (Wurzeln), Verluste durch Pflanzenfresser und der Energie, welche die Pflanze zum Atmen benötigt, nur noch ein Bruchteil übrig.

Dieser Verlust wird in Abbildung 8 dargestellt und mittels eines kurzen Beispiels erläutert:

Entsteht z.B. durch Ausnutzung der Sonnenenergie Biomasse von 100 t/(ha a), so geht durch die Atmung der Pflanzen 50% verloren. Durch Pflanzenfresser (1,25%), Zersetzung (Humus) (3,33%), Zersetzung des Laubes (11,67%) und die unterirdische Speicherung (10%) bleiben für die oberirdische Speicherung noch 23,75% übrig, was einer Masse von ca. 23,75 Tonnen entspricht.

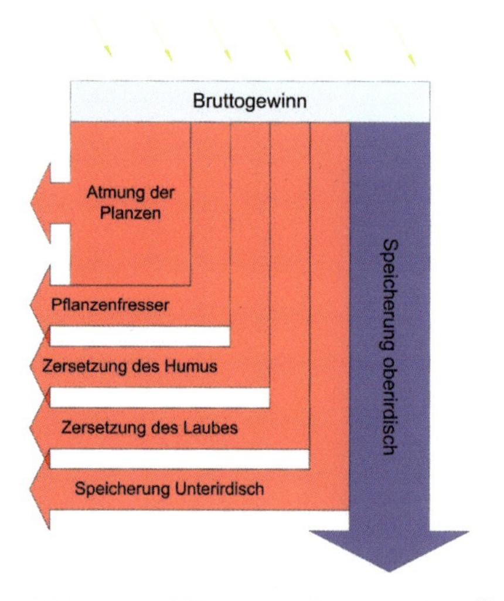

Abbildung 8: Stoffbilanz einer Pflanzengesellschaft[18]

Die Energiegewinnung aus Biomasse beschränkt sich nicht nur alleine auf das Verheizen von festem Brennstoff zur Wärmeerzeugung. So kann z.B. auch durch Umwandlung Strom erzeugt werden bzw. kann aus Grasschnitt Biogas erzeugt werden. In dieser Studie wird allerdings nur auf die Verarbeitung von biogenen Festbrennstoffen eingegangen, da dies die

---

[17] Vgl. Neubarth / Mairitsch / Hofbauer / Kaltschmitt in: Neubarth / Kaltschmitt (Hrsg), 2000, S. 259

[18] Quelle: modifiziert übernommen aus: Neubarth / Mairitsch / Hofbauer / Kaltschmitt in: Neubarth / Kaltschmitt (Hrsg.), 2000, S. 259

[18] Eigene Darstellung

häufigste Vorkommensart im Pinzgau ist. Der Anbau von Stroh oder Raps im Pinzgau aufgrund der klimatischen Lage nicht rentabel.

Eine thermische Nutzung von Biomasse ermöglicht im Prinzip eine nachhaltige Energieversorgung. Dies gilt besonders in Hinsicht auf Kohlenstoff, da bei der Verbrennung von Biomasse dieselbe Menge Kohlenstoff frei gesetzt wird, die zuvor aufgenommen wurde.

In Tabelle 1 werden die unterschiedlichen Eigenschaften der biogenen Brennstoffarten dargestellt und mit fossilen Brennstoffen (Öl und Gas) verglichen.

Brennstoffart	Dichte kg/m³	Energiedichte kWh/Srm	Heizwert kWh/kg	Wassergehalt Gew%
Rundholz (Weichholz)	410	1.850	2,25	50
Rundholz (Hartholz)	580	2.610	2,25	50
Rinde	160	720	2,25	50
Industriehackgut (Weichholz), feucht	170	770	2,25	50
Waldhackgut (Weichholz)	175	860	3,43	30
Waldhackgut (Hartholz)	225	1.100	3,43	30
Pellets	495	2.530	4,6	10
Heizöl EL	840	-	11,9	-
Erdgas	0,75	-	12,0	-

Tabelle 1: Energiedichte von Brennstoffen[19]

Welche Erkenntnis kann nun aus Tabelle 1 gezogen werden? Für den Verbraucher sind vor allem der Heizwert und die Energiedichte wichtig. Der Heizwert gibt an, wie viele kWh/kg aus der Brennstoffart gewonnen werden kann. Die Energiedichte beschreibt, wie viel Energie (kWh) in einem m³ des jeweiligen Brennstoffes steckt. Dies ist vor allem für die Größe der Lagerstätten wichtig. Werden die verschiedenen Hölzer mit z.B. mit Erdöl verglichen, so ist gut zu erkennen, dass Öl sowohl eine viel höhere Energiedichte, als auch einen höheren Heizwert aufweist.

---

[19] Quelle: modifiziert übernommen aus: Stockinger / Obernberger, 2005, S. 15

[19] Eigene Darstellung

Dies bedeutet, dass in einem Lagerraum mit 10m³ Volumen ca. 100.000 kWh in Form von Heizöl Extra leicht, aber nur 18.500 kWh in Form von Rundholz (weich) gelagert werden können. Um die gleiche Energiemenge mit Holz zur Verfügung zu stellen, müsste dieser Lagerraum entweder ca. 5.5 mal größer sein bzw. müsste der Lagerraum mehr als 5 mal nachgefüllt werden. Zu beachten ist, dass Pellets nach dem Heizöl Extra leicht den zweithöchsten Heizwert mit 4.6 kWh/kg aufweisen.

Pellets werden durch Verdichten von Holzspänen bzw. auch Holzstaub erzeugt. Durch diese Verdichtung wird die Feststoffdichte erhöht bzw. wird auch der Wassergehalt gesenkt. Vor allem die leichte Handhabung von Pellets bei der Lieferung (können wie Erdöl mittels eines Schlauches in den Lagerraum gefüllt werden) haben in den letzten Jahren dazu geführt, dass sehr viele Pelletsheizungen eingebaut wurden.[20]

5.1.1 Verfügbarkeit Biomasse

Im nächsten Schritt wird nun die zur Verfügung stehende Biomasse des Pinzgaues beschrieben. Hierfür wird auf eine Studie des Niederösterreichischen Waldverbandes und eine Studie der Universität für Bodenkultur in Wien zurückgegriffen.

Der Pinzgau ist zu 50,6% mit Wald bedeckt und weist eine absolute Waldfläche von 133.000 ha auf. Davon sind 97.000 ha (73%) als Ertragswald ausgewiesen. Derzeit werden ca. 487.000 Festmeter jährlich aus den Pinzgauer Wäldern entnommen. Dies bedeutet eine durchschnittliche Nutzungsrate von 68% des laufenden Holzzuwachses, d.h. es wächst mehr Holz nach als entnommen wird. [21]

---

[20] Vgl. Neubarth / Mairitsch / Hofbauer / Kaltschmitt in: Neubarth / Kaltschmitt (Hrsg.), 2002, S. 279 f.
[21] Vgl. Jonas, 2002, S. 56 ff. Daten modifiziert übernommen für Pinzgau

In Abbildung 9 wird das verfügbare Energieholzpotenzial für den Raum Pinzgau dargestellt.

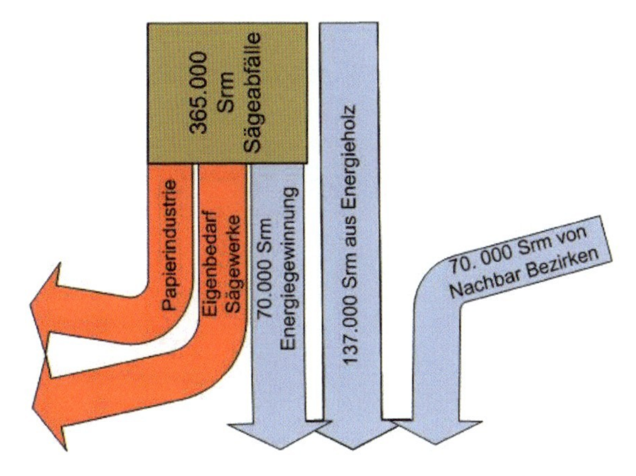

Abbildung 9: Verfügbares Energieholzpotential für den Pinzgau[22]

Das technische und wirtschaftlich bereitstellbare Energieholzpotential im Pinzgau beträgt ca. 55.000 Festmeter, was 137.000 Schüttraummeter entspricht. Zuzüglich fallen jedes Jahr in den Sägewerken des Pinzgaues ca. 365.000 Schüttraummeter Sägereste an, wovon ca. 70.000 Schüttraummeter (19%)[23] zur Energiegewinnung weiter gegeben werden. Zusätzlich könnten von den umliegenden Gauen (Pongau, Lungau) bzw. auch aus Bayern noch rund 70.000 Schüttraummeter bezogen werden.

In Summe stehen daher für den Raum Pinzgau ca. 276.000 Schüttraummeter biogene Masse zur Energiegewinnung zur Verfügung. Dies entspricht einem jährlichen Ölvorrat von ca. 27,6 Millionen Liter Heizöl.[24]

Die vorhandene Biomasse des Pinzgaues wird aufgrund der Besitzverhältnisse unterschiedlich genutzt. 46% werden von Waldbauern, Nebenerwerbslandwirten und sonstigen Kleinwald-

---

22 Quelle: modifiziert übernommen aus: Jonas, 2002, S. 56 ff. Daten modifiziert übernommen für Pinzgau

22 Eigene Darstellung

23 Vgl. Gronalt / Petutschnigg / Zimmer / Rauch, 2005, S. 17 ff. Daten modifiziert übernommen für den Pinzgau

24 Als Umrechnungsfaktor wurde als Mittelwert von Waldhackgut Weichholz und Waldhackgut Hartholz mit ca. 1000 kWh pro Schüttraummeter verwendet. D.h. 1 Schüttraummeter entspricht ca. 100L Heizöl

besitzern bewirtschaftet, 14% sind im Besitz größerer Waldbetriebe. Der größte Waldeigentümer im Pinzgau mit ca. 40% der gesamten Fläche sind die Österreichischen Bundesforste.[25]

Einige Pinzgauer Gemeinden haben bereits Biomasse- Heizanlagen gebaut, um einen Grossteil der jeweiligen Gemeinde mit Fernwärme zu versorgen. Im Projektbericht für das Holz-Logistik-Zentrum Salzburg wurden 2005 sämtliche Werke erfasst, der Verbrauch an Heizmaterial bestimmt und die Heizleistung der Anlagen aufgelistet. Die Biomasse- Heizanlagen des Pinzgaus werden in Tabelle 2 aufgelistet.

Ort	**Nenn- Kessel-Leistung**	**produzierte Wärmemenge**	**Brennstoffbedarf**
	kW	MWh	Srm /a
Bruck a. d. Glstr.	1.800	7.200	7.890
Leogang	350	1.400	430
Lofer	7.000	28.000	35.900
Maria Alm	4.900	19.600	16.500
Niedernsill	600	2.400	3.700
Piesendorf	1.200	4.800	6.732
Rauris	5.450	21.800	16.305
Saalfelden	2.500	10.000	9.892
Wald im Pinzgau	1.000		4.600
Summe gerundet	**24.800**	**95.000**	**102.000**

Tabelle 2: Biomasse Heizwerke im Pinzgau[26]

Die derzeitigen Biomasse-Heizanlagen der Gemeinden verbrauchen im Jahr ca. 102.000 Schüttraummeter Hackgut, was einem Ölverbrauch von ca. 10 Millionen Liter entspricht. Die Gemeinden Maria Alm, Lofer und Rauris besitzen die größten Heizwerke und erzeugen damit eine Wärmemenge von ca. 60.000 MWh, was in etwa 2/3 der gesamten produzierten Wärmemenge der Pinzgauer Biomasse Heizwerke entspricht. Somit verbrauchen die derzeitigen Biomasse Heizanlagen ca. ein Drittel der jährlich zur Verfügung stehenden Ressourcen.

---

[25] Vgl. Jonas, 2002, S. 56

[26] Quelle: modifiziert übernommen aus: Gronalt / Petutschnigg / Zimmer / Rauch, 2005, S. 23 f.

[26] Eigene Darstellung

Allerdings werden wie bereits erwähnt derzeit nur rund 68% der nachwachsenden Biomasse genutzt. Dementsprechend könnten bei intensiverer Nutzung zusätzlich rund 97.000 Schüttraummeter jährlich gewonnen werden.

5.1.2 Lagerfähigkeit Biomasse

Die Notwendigkeit einer Zwischenlagerung der Brennstoffe ist vor allem auf den zeitlichen Unterschied zwischen Ernte und Brennstoffbedarf zurück zu führen. Wie bereits in Tabelle 1 ersichtlich, verfügen die unterschiedlichen biogenen Brennstoffarten über unterschiedliche Energiedichten, d.h. je nach Verarbeitungsform des Rohmaterials wird mehr oder weniger Platz (bei gleich großer benötigter Energiemenge) für die Lagerung benötigt. Daher ist bereits im Vorfeld bei der Planung von neuen Heizungsanlagen darauf zu achten, den Lagerraum nicht zu klein zu dimensionieren. Grundsätzlich ist Holz (egal in welchem Verarbeitungszustand es ist) gut zu lagern. Es muss nur darauf geachtet werden, dass die Lagerstätte trocken bzw. bei noch feuchtem Holz eine Belüftungsmöglichkeit vorhanden ist.

Die Lagerung von Hackgut ist bis zu einem Wassergehalt von etwa 30% unproblematisch[27]. Sowohl Neubart / Kaltschmitt, als auch Stockinger / Obernberger weisen darauf hin, dass eine Lagerung über diesen Feuchtigkeitsgehalt zu einer Bildung von Mikroorganismen (Pilzen, Sporen, Bakterien) führen kann. Dies führt unweigerlich zu einem Abbau von Trockensubstanz und zu einer Erwärmung des Materials, was im schlimmsten Fall zur Selbstentzündung führen kann.

Pellets sind aufgrund der normierten Anforderungen (ÖNORM M 7135: 1998) an die Größe und des Wassergehaltes besonders gut transport- und lagerfähig. Der Wassergehalt darf lt. Norm 12% nicht überschreiten, dadurch ist auch eine Lagerung über einen längeren Zeitraum möglich.

Bei der Lagerung von Holzscheiten ist darauf zu achten, dass diese zuvor gespalten und auf die richtige Länge gekürzt wurden, da dies durch eine Oberflächenvergrößerung eine bessere Trocknung und Verbrennung gewährleistet.

---

[27] Vgl. Neubarth / Mairitsch / Hofbauer / Kaltschmitt in: Neubarth / Kaltschmitt (Hrsg.), 2000, S. 279

5.1.3 Technische Hintergründe Biomasseanlagen

Wie bereits im vorhergehenden Kapitel erwähnt, ist es für einen dauerhaften Heizbetrieb nötig, das Heizmaterial zwischen zu lagern. Für Pellets oder Hackgut genügt ein trockener Raum, der sich in der Nähe der Heizungsanlage befindet.

Abbildung 10 zeigt den Aufbau einer Hackgutfeuerung mit Rotationsaustragung.

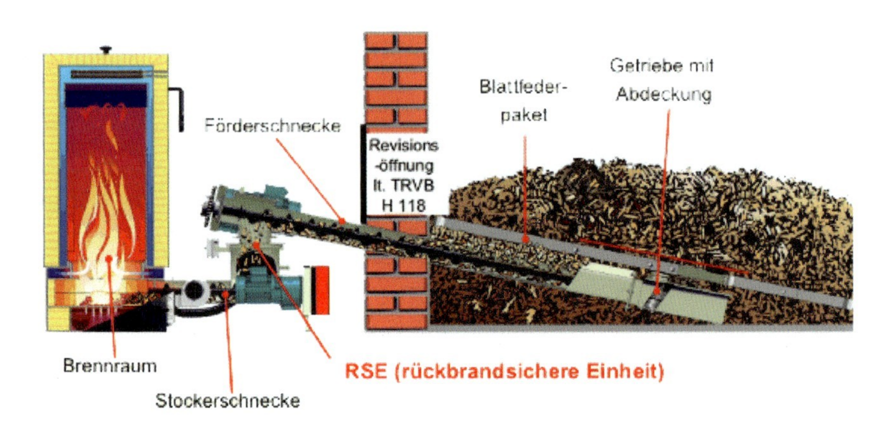

Abbildung 10: Aufbau Hackgutfeuerung mit Rotationsaustragung[28]

Der Lagerraum für das Hackgut ist direkt anliegend an den Heizungsraum. Dies ist darauf zurück zu führen, dass die Zufuhr zum Brenngerät in den meisten Fällen mittels einer Drehfederaustragung mit anschließender Förderschnecke bewerkstelligt wird. Das Hackgut wird mittels der sich drehenden Feder zum Förderschacht befördert, wo es von der Förderschnecke erfasst und in den Heizraum transportiert wird. Hier gelangt das Hackgut mittels der Stockerschnecke in den Brennraum. Zur Brandsicherheit ist zwischen dem Brennraum und der Förderschnecke eine rückbrandsichere Einheit (RSE)[29] eingebaut.

Ein gleichwertiges System wird auch zur Beförderung von Pellets eingesetzt. Allerdings besteht bei Pellets auch die Möglichkeit, das Heizmaterial über ein Rohrsystem anzusaugen (z.B. flexibles Kunststoffrohr). Beim Kessel selber befindet sich ein Zwischenbehälter, der für einige Tage Pellets vorrätig aufnehmen kann. Dieses System ist von Vorteil, wenn z.B. ein

---

[28] Quelle: URL: http://www.regionalenergie.at/desktopdefault.aspx/tabid-249//327_read-754/ [03.05.08]

[29] „*Die RSE besteht aus einer Vollmetall – Zellradschleuse und einem Rückbrandfühler. Die Zellradschleuse sorgt für eine klare Trennung zwischen Pelletslager und Kessel, zusätzlich überwacht ein Sensor permanent die Temperatur der Pelletszuführung*“ URL:http://www.junkers.com/ [03.05.08]

alter Öltank als Lagerraum verwendet wird und sich dieser Tank außerhalb des Gebäudes bzw. nicht in der Nähe des Heizraumes befindet. Allerdings ist die Ansaugung sehr geräuschintensiv, daher kommt diese Art des Pellets-Transportes im Mehrfamilienwohnbau nicht sehr häufig vor.

Nachdem das Hackgut oder die Pellets in den Heizraum bzw. Verbrennungsraum gelangt sind, werden diese dort in Energie umgewandelt. Abbildung 11 zeigt die schematische Darstellung eines Pellets Brenners.

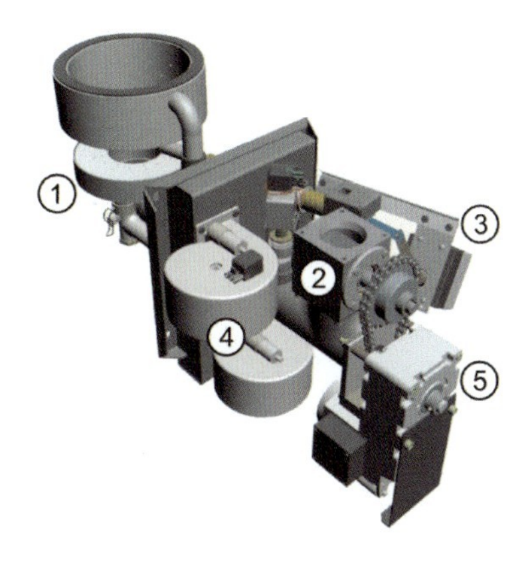

Abbildung 11: Schematische Darstellung eines Pellets-Brenner[30]

Das Brennmaterial wird mittels der Brennerschnecke (5) automatisch zur Brennschale (1) gefördert und dort mittels einer Zündeinheit (3) soweit erhitzt, bis der Flammpunkt überschritten ist. Zusätzlich wird durch ein Gebläse (4) Luft für eine optimale Verbrennung zugefügt. Durch die Zellenradschleuse (2) wird ein Rückbrennen in den Lagerraum verhindert. Moderne Anlagen verfügen auch noch über technische Einrichtungen, die den Feinstaub und die Aschenreste aus der Abluft filtern.

Der Brenner einer Hackgutheizung und auch die Feuerungsanlage eines Hackgutwerkes sind im Grunde gleich aufgebaut. Zur Verdeutlichung wird in Abbildung 12 die schematische Darstellung des Biomasseheizwerkes Tamsweg gezeigt.

---

[30] Quelle: URL: http://eder.leisach.com/data/prospekte.htm [04.05.2008]

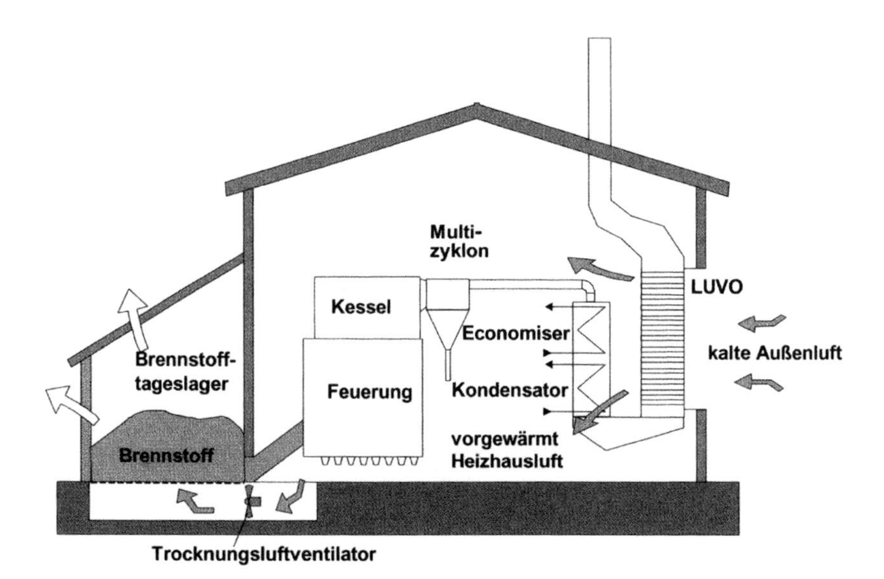

Abbildung 12: Schematische Darstellung Biomasseheizwerk[31]

Bei diesem Heizwerk wird der Brennstoff zusätzlich noch getrocknet. Stockinger / Obernberger beschreiben, dass diese Maßnahme nicht unbedingt nötig ist, da in großen Hackgutheizanlagen das Brennmaterial ohne Probleme bis zu 60% Feuchtigkeit enthalten kann[32]. Dies steht im Gegensatz zu der Verwendung des Heizmaterials bei Hausfeuerungsanlagen, das wie bereits in Kap. 5.1.2 erwähnt, sehr trocken gelagert werden muss. Der Brennstoff wird wie bereits bei den Kleinanlagen mittels Förderschnecken zum Heizkessel gebracht, in dem bei hohen Temperaturen (ca. 1.000° C) das Material verbrannt wird.

Um zur Emmissionsminderung beizutragen, stehen grundsätzlich 3 Filterarten zur Verfügung[33]:

- Zyklon- oder Fliehkraftabscheider: die Staubabscheidung erfolgt durch die Fliehkraft. Meist werden mehrere Zyklone parallel zu einem so genannten Multizyklon zusammen geschalten. Allerdings werden hier nur Teilchen die größer als 10 μm sind, effizient abgeschieden. Daher werden Zyklone primär zur Vorabscheidung verwendet.

---

[31] Quelle: Stockinger / Obernberger, 1998, S. 85
[32] Vgl. Stockinger / Obernberger, 1998, S. 85
[33] Vgl. Neubarth / Mairitsch / Hofbauer / Kaltschmitt in: Neubarth / Kaltschmitt (Hrsg.), 2000, S. 299 ff.

- Gewebefilter: hier durchströmt das staubhaltige Rauchgas ein poröses Gewebe oder eine Filzschicht. Mit Gewebefiltern kann eine Reingaskonzentration von unter 10mg/Nm³ erreicht werden. Eine Schwachstelle von Gewebefiltern ist, dass das Rauchgas eine Mindesttemperatur von 120° C aufweisen muss, da es ansonsten zu einer Kondensation der im Abgas enthaltenen Flüssigkeit kommen kann. Diese Flüssigkeit kann die Filter verstopfen.
- Elektrofilter: durch ein elektrisches Feld werden Staubpartikel und Nebeltröpfchen abgeschieden. Auch hier kann eine Reingaskonzentration von unter 10mg/Nm³ erreicht werden.

Zusätzlich zur Emmissionsminderung wird auch die im Rauchgas enthaltene Restenergie genutzt. Zunächst wird im Ecomiser das Rauchgas von ca. 200°C auf 80 bis 100°C abgekühlt. Die dabei über einen Wärmetauscher gewonnene Energie wird dem Netz zugefügt. Zweckmäßig ist dies allerdings nur, wenn die Anlage über einen Niedertemperatur- Rücklauf verfügt. Eine zweite Energierückgewinnung findet bei der Rauchgaskondensation statt. Hier wird das Rauchgas unter seinen Taupunkt abgekühlt und die dabei entstehende Wärme kann wiederum genutzt werden.

Ein zusätzlicher Nutzen der Rauchgaskondensation besteht darin, dass keine Wasserdampfschwaden beim Kamin (bis zu einer Außentemperatur von ca. 5°C) entstehen, die vor allem in Tourismusgemeinden als störend empfunden werden. Im LUVO (Luftvorwärmer) wird die angesaugte Luft erwärmt und zu einem Teil als Verbrennungsluft verwendet. Die erwärmte Luft kann auch zur Trocknung des Heizmaterials heran gezogen werden[34]. Aufgrund des hohen Nährstoffgehaltes der Asche kann die Rostasche als Dünger verwendet werden. Allein die Feinstflugasche aus dem Elektrofilter muss deponiert werden, da diese meist mit Schwermetallen angereichert ist.

Ergänzend zu den bereits erwähnten thermischen Verwertungsmethoden von Biomasse kann diese auch zur Stromerzeugung heran gezogen werden. Dazu wird die thermische Energie mittels Dampf in einer Dampfturbine in elektrischen Strom umgewandelt. Der schematische Aufbau eines Blockheizkraftwerkes ist in Abbildung 13 dargestellt.

---

[34] Vgl. Neubarth / Mairitsch / Hofbauer / Kaltschmitt in: Neubarth / Kaltschmitt (Hrsg.), 2000, S. 306 f.

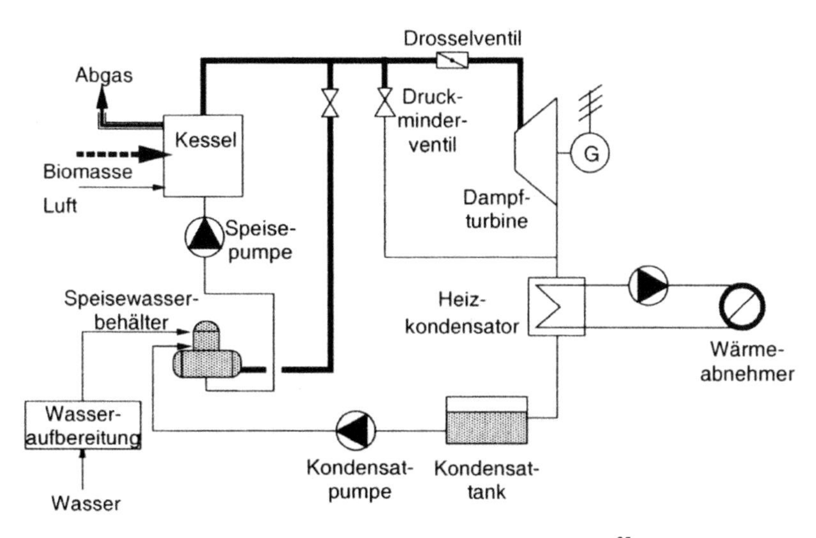

Abbildung 13: Schematische Darstellung Blockheizkraftwerk[35]

In der Kesselanlage wird mittels Biomasse Dampf erzeugt, welcher in einer Dampfturbine oder einem Dampfkolbenmotor abgearbeitet und in mechanische Energie umgewandelt wird. Die Turbine bzw. der Kolben treibt zur Stromerzeugung einen Generator an. Nach der Entspannung des Dampfes wird dieser mittels Heizkondensatoren kondensiert. Die dabei frei gesetzte Wärme kann an einen Wärmeabnehmer abgegeben werden. Dabei gilt es, für Zeiten in denen keine Wärmeabnahme oder Stromabnahme möglich sind, Puffer zu finden. Dies kann z.B. ein großer Warmwasserspeicher oder das Stromnetz darstellen. Für die Verwendung im Bereich von Mehrfamilienwohnanlagen stellt dies allerdings ein Problem dar, da im Sommer kaum Wärmebedarf besteht und somit die Anlage nicht wirtschaftlich arbeitet, da die abgegebene Wärme nicht entsprechend genutzt werden kann.

[35] Quelle: Neubarth / Mairitsch / Hofbauer / Kaltschmitt in: Neubarth / Kaltschmitt (Hrsg.), 2000, S. 312

5.1.4 Vor- und Nachteile Nutzung Biomasseanlagen

Durch die Photosynthese wird die Energie der Sonne zur Umwandlung anorganischer Materie herangezogen, um damit Leben zu erzeugen bzw. zu vermehren. Die Biomasse ist damit die wesentliche Komponente des Kohlenstoffkreislaufes und ist somit auch für die Existenz menschlichen Lebens mitverantwortlich[36]. Somit stellt Biomasse einen fast unerschöpflichen Rohstoff dar. Bei der Nutzung von Biomasse ergeben sich nun auch gewisse Vor- und Nachteile.

- Vorteile der Biomasse:
  - regional regenerativ
  - CO_2 neutral
  - gut zu verarbeiten und einfach zu transportieren
  - gute Lagerfähigkeit
  - vollständige Verwertbarkeit des Rohstoffes

- Nachteile der Biomasse:
  - Verlust der Substanz bei nicht fachgerechter Lagerung
  - räumliche und zeitliche Angebotscharakteristik
  - jährliche Abgasüberprüfung der Heizanlagen ist nötig (generell für alle Brennstoff-Anlagen)

Nachdem sich Kapitel 5.1 mit Biomasse beschäftigt hat, wird in Kapitel 5.2 näher auf die Stromerzeugung aus Wasserkraft eingegangen. Dabei wird auch das derzeitige Potential bzw. das noch zusätzlich ausbaufähige Potential der Wasserkraft im Bundesland Salzburg beschrieben.

---

[36] Vgl. Kleemann / Meliß, 1993, S. 190

5.2 Stromerzeugung aus Wasserkraft

Wasser ist der Motor unseres Lebens. Jedes Lebewesen auf dieser Erde ist in irgendeiner Form auf Wasser angewiesen. Darum ist die Verwendung von Wasserkraft zur Stromerzeugung auch ein heikles und politisch umkämpftes Thema. Grundsätzlich ist die Nutzung der Wasserkraft, ebenso wie andere Energieträger, an die Sonne gebunden. Ohne Sonne verdunstet kein Wasser, welches danach wieder als Regen vom Himmel fällt und somit potentielle Energie enthält. Durch die Speicherfähigkeit von Wassers, z.B. in Form von Stauseen oder einfachen Rückhaltebecken, kann diese Energie auf Bedarf abgerufen werden.[37]

Allerdings stehen Niederschläge in einem bestimmten Gebiet nicht unmittelbar in Zusammenhang mit dem zur Verfügung stehenden Energiepotential. Dies ist darauf zurück zu führen, dass der Regen oft nicht gleich abfließt, sondern zwischengespeichert wird (z.B. im Moos oder in unterirdische Höhlen) und dadurch erst verzögert abgegeben wird. Es kann auch vorkommen, dass der Regen aufgrund unterirdischer Bachläufe an völlig anderen Orten wieder zu Tage kommt.

5.2.1 Verfügbarkeit Wasserkraft

Die Verfügbarkeit von Wasserkraft ist an Niederschläge (sowohl im Winter als im Sommer) gebunden. Laut Neubarth / Kaltschmitt liegt die jährliche durchschnittliche Niederschlagsmenge in Österreich bei ca. 1.000 mm. Abweichungen von diesem Mittelwert entstehen aber zum Beispiel in den Alpen.

In Abbildung 14 wird das langjährige (1971 – 2000) Niederschlagsmittel zweier Pinzgauer Gemeinden mit den Städten Salzburg und Wien verglichen.

---

[37] Vgl. Kleemann in: Rebhan (Hrsg.), 2002, S. 387

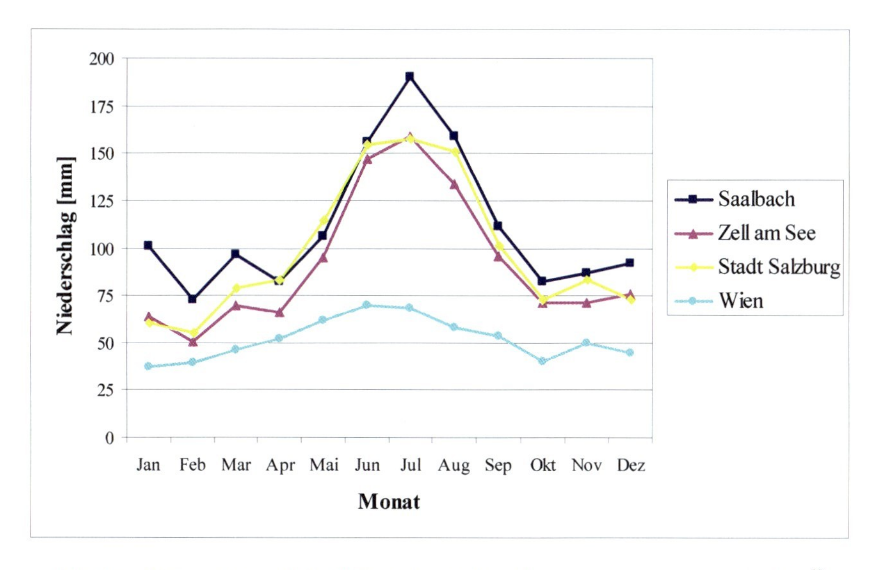

Abbildung 14: Langjährige (1971 – 2000) mittlere Niederschlagsmenge in mm ausgewählter Orte[38]

Wie in Abbildung 14 ersichtlich, schwankt die Niederschlagsmenge im jährlichen Mittel stark. Vor allem in den Sommermonaten Juni und Juli werden die höchsten Niederschlagsmengen erreicht. Das langjährige Niederschlagsmittel Pinzgauer Orte und der Stadt Salzburg ist durchaus sowohl im Auftreten als auch in der Menge des Niederschlages vergleichbar. In der Bundeshauptstadt Wien hingegen liegen völlig andere Niederschlagsverteilungen bzw. auch Niederschlagsmengen vor. In Summe liegt die langjährige jährliche mittlere Gesamtniederschlagsmenge in Saalbach etwa bei 1338 mm, in Wien hingegen nur bei 620 mm. Damit liegt Saalbach deutlich über dem österreichischen Mittel von 1000mm Niederschlag pro Jahr.

Das Abflusslinienpotential[39] des Bundeslands Salzburgs liegt bei rund 9.300 GWh. Derzeit werden davon rund 3.400 GWh durch bereits errichtete Kraftwerke genutzt. Abzüglich des ökologisch nicht vertretbar nutzbaren Potentials (z.B. in Nationalparks) bleiben noch rund 1.600 GWh Restpotential übrig. Somit könnten im Bundesland Salzburg ca. 5.000 GWh / a aus der Kraft des Wassers gewonnen werden.

---

[38] Quelle: Daten modifiziert übernommen aus URL: http://www.zamg.ac.at/fix/klima/oe71-00/klima2000/klimadaten_oesterreich_1971_frame1.htm [20.05.08]

[39] theoretisch mögliches Energiepotential aus allen Gewässern

5.2.2 Technische Hintergründe Nutzung Wasserkraft zur Stromgewinnung

Wasser fließt von größerer Höhe zu einem Ort niedriger Höhe und besitzt somit kinetische Energie. Zur Umwandlung der kinetischen in elektrische Energie bedarf es zusätzlicher Komponenten, wie z.B. einem Stauwerk, den Wassereinlauf, Zu- und Ableitungen für das Wasser zur bzw. von der Turbine und einen Generator zur Stromerzeugung[40]. Grundsätzlich unterscheidet die Literatur Wasserkraftanlagen nach ihrer Fallhöhe (Niederdruck-, Mitteldruck- und Hochdruckanlagen) und zwischen Lauf- oder Speicherwasserkraftanlagen.

- Niederdruckanlagen werden vor allem bei Flusskraftwerken mit einer Fallhöhe bis zu 20m eingesetzt bzw. auch bei Ausleitungskraftwerken. Flusskraftwerke werden in das eigentliche Flussbett eingebaut und erfüllen weitere Aufgaben, wie z.B. Hochwasserschutz, Grundwasserstabilisierung, oder z.B. Schleusenbetrieb für die Schifffahrt. In Österreich werden diese z.B. an der Donau, am Inn oder an der Mur gebaut. Niederdruckanlagen verarbeiten das fließende Wasser praktisch ohne Speicherung.
- Mitteldruckanlagen werden üblicherweise mittels einer Talsperre und einem an deren Fuß befindlichen Krafthauses ausgelegt. Hierbei werden Fallhöhen von 20 – 100m realisiert.
- Hochdruckanlagen weisen eine Fallhöhe von 100 – 2000m auf und werden oft mit großen Speichern (Jahresspeicher) realisiert. Zur Vergrößerung der natürlichen Zuflüsse werden oft Bäche oder Flüsse aus Nachbarregionen zugeleitet[41].

Zur Umwandlung der kinetischen Energie in elektrischen Strom ist eine Turbine (Drehbewegung der Turbine) zum Antrieb des Generators wichtig. Aufgrund der unterschiedlichen Fallhöhen und der damit verbundenen Geschwindigkeit des auftreffenden Wassers, werden verschiedene Turbinenformen verwendet.

---

[40] Vgl. Giesecke / Mosonyi, 2005, S. 23 ff.

[41] Ausleitungskraftwerke: hier wird dem Fluss ein Teil des Wassers entnommen und durch einen Kanal oder Rohrleitungen zugeführt. Im ursprünglichen Flussbett verbleibt noch ein Mindestwasserabfluss
Vgl. Jorde / Kaltschmitt in: Kaltschmitt / Wiese / Streicher (Hrsg.), 2003, S. 338 f.

- Gleichdruck- oder Aktionsturbinen (Pelton- u. Durchströmturbinen): die potentielle Energie des Wassers wird vollständig in kinetische Energie (Geschwindigkeitsenergie) durch das auftreffende Wasser auf das rotierende Laufrad umgesetzt. Im Inneren der Turbine herrscht in etwa der gleiche Druck wie vor der Turbine, daher Gleichdruckturbine[42].
- Überduck- oder Reaktionsturbinen (Franics- u. Kaplanturbinen): hier wird die potentielle Energie des Wassers über einen Leitschaufelapparat, rotierende Turbinenschaufeln sowie über das nachfolgende Saugrohr abgearbeitet. Beim Weg durch die Turbine verringert sich der Druck des Wassers und es entsteht beim Einlauf ein Überdruck, daher Überdruckturbine.[43]

Die meisten Wasserkraftwerke sind an das Stromnetz angebunden. Große Anlagen können direkt vom Stromanbieter je nach Strombedarf gesteuert werden. So kann z.B. das Speicherkraftwerk in Kaprun zur Spitzenlastabdeckung (z.B. zur Mittagszeit) für wenige Stunden zugeschaltet und bei geringerem Bedarf wieder vom Netz genommen werden. Aber auch kleinere (private) Kraftwerke werden an das Netz angeschlossen.

5.2.3 Vor- und Nachteile Strom aus Wasserkraft

Die Stromgewinnung aus Wasserkraft wird als saubere und umweltfreundliche Energiegewinnung angesehen. Nachdem die Anlagen fertig gestellt sind, laufen diese meist ohne größere Zwischenfälle problemlos jahrelang. Bei der Energiegewinnung werden keine Schadstoffe frei gesetzt. Zusätzlich kann die potentielle Energie des Wassers gespeichert werden. Durch den Einsatz von Pumpspeicherkraftwerken kann z.B. ein vorhandener Energieüberschuss in der Nacht dazu genutzt werden, um Wasser wieder in ein höher gelegenes Becken zum pumpen, um es bei Spitzenlastbedarf wieder abzuarbeiten.

Bemängelt wird vor allem von Umweltschützern, dass durch den Bau von großen Speicheranlagen Lebensraum für Flora und Faun verloren geht. Durch den Bau von Flusskraftwerken werden oft die Wanderrouten von Fischen unterbrochen, die zum Laichen den Bachoberlauf erreichen müssen. Durch die verminderte Fließgeschwindigkeit oberhalb des Wehrs kommt es dort vermehrt zu Sedimentation von feinkörnigen Materialien bzw. auch von Schwermetallen. Auch wird grobkörniges Material zurück gehalten, was zur Folge hat, dass es Flussabwärts zu

---

[42] Vgl. Neubart /Kaltschmitt in: Neubart / Kaltschmitt (Hrsg.), 2000, S. 61
[43] Vgl. Neubarth / Kaltschmitt in: Neubart / Kaltschmitt (Hrsg.), 2000, S. 61

Sohlerosionen kommt. Mehrere Staustufen hintereinander können eine Veränderung des Grundwasserspiegels bewirken.

Das nun folgende Kapitel beschäftigt sich mit der Nutzung hydrothermaler Erdwärme. Nachdem grundlegende Informationen über den Aufbau der Erde gegeben werden, wird auch auf lokale Verfügbarkeit, die notwendigen technischen Voraussetzungen zur Nutzen und die Vor- bzw. Nachteile eingegangen.

5.3 Hydrothermale Erdwärmenutzung

Grundlage für die Nutzung von hydrothermaler Erdwärme bildet der geologische Aufbau unseres Planeten, da lt. Neubarth / Kaltschmitt die Sonnenstrahlung die Erde nur bis in eine Tiefe von ca. 10-20m erwärmt[44].

Die Erdkugel besteht wie eine Zwiebel aus mehreren Schalen, wie in Abbildung 15 ersichtlich ist.

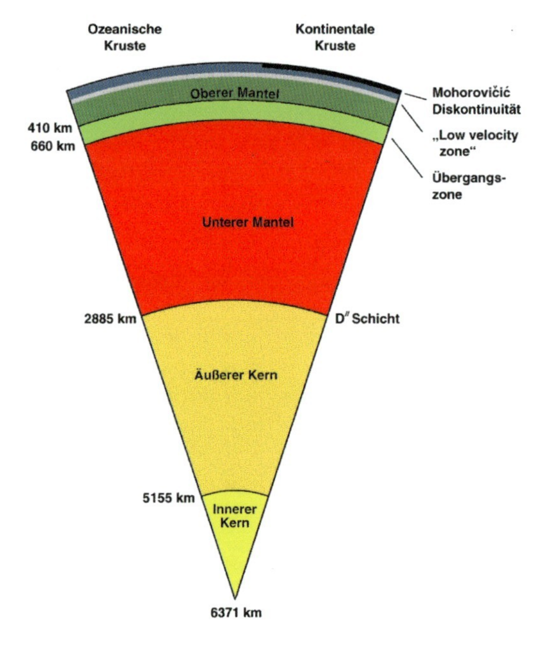

Abbildung 15: Schalenaufbau der Erde[45]

---

[44] Vgl. Kaltschmitt / Neubarth / Goldenbrunner in: Neubarth / Kaltschmitt (Hrsg.), 2000, S. 223

[45] Quelle: URL: http://www.uni-koeln.de/math-nat-fak/mineral/museum/sonder.htm [09.05.2008]

Um einen festen inneren Kern befinden sich der äußere Kern und anschließend der untere Mantel. Die Grenze zwischen der Kruste und dem Mantel liegt am Kontinent bei ca. 40 km. Die Temperaturzunahme entlang der äußeren Erdkruste beträgt im Mittel ca. 30°C/km.[46] Der natürliche Wärmestrom an der Oberfläche ist für eine direkte technische Nutzung meist zu gering.

Da die Ausnutzung von hydrothermaler Erdwärme aufgrund der hohen Investitionskosten (Bohrkosten, Bau der technischen Anlage, Erhalt der Anlage) für Mehrfamilienhäuser erst ab einer Leistung von 5 MW[47] in Frage kommt, wird dieses Thema in den folgenden Kapiteln nur kurz beschrieben, um ein vollständiges Bild der vorhanden regenerativen Energiequellen zu geben.

5.3.1 Verfügbarkeit hydrothermaler Erdwärme

Die Verfügbarkeit von hydrothermaler Erdwärme kann, aufgrund von unterschiedlichen Wärmetransportprozessen erheblich von regionalen oder globalen Mittelwerten abweichen. Dabei spielt die zeitliche Abhängigkeit keine Rolle, da die Nutzung von hydrothermaler Erdwärme bei einer entsprechenden Auslegung der Förderanlage kaum zu einer spürbaren Temperaturabsenkung der Umgebung des Entzugstrichters führt. Dies kann der Fall sein, wenn die entnommene Wärmemenge größer ist, als die zugeführte geothermische Energie. In Österreich beschränken sich die Gebiete hydrothermaler Aquiferen[48] vor allem auf das Steirische Tertiärbecken, das Wiener Becken, das Oberösterreichische Molassebecken und das Molassebecken bei Bregenz. Vereinzelte thermale Wässer wie z.B. im tirolerischen Längenfeld, in Bad Gastein oder in Kleinkirchheim sind auf lokale Störzonen im Gebirge zurück zu führen.[49]

5.3.2 Technische Hintergründe hydrothermaler Erdwärmenutzung

Um hydrothermale Erdenergie nutzen zu können, ist es nötig, zuerst das energieführende Medium zu erreichen. Dies geschieht mittels Bohrungen, die auf den gleichen technischen Grundlagen wie Erdölbohrungen oder Gasbohrungen basieren. Dabei gilt es bereits zu Beginn zu entscheiden, wie groß das Bohrloch für die spätere Nutzung ausgelegt werden muss. Ein zu

---

[46] Vgl. Hoth / Huenges in: Kaltschmitt / Huenges / Wolf (Hrsg.), 1999, S. 28 ff.
[47] Vgl. Kaltschmitt / Neubarth / Goldenbrunner in: Neubarth / Kaltschmitt (Hrsg.), 2000, S. 243
[48] Aquifere = Grundwasserleiter
[49] Vgl. Kaltschmitt / Neubarth / Goldenbrunner in: Neubarth / Kaltschmitt (Hrsg.), 2000, S. 226 f.

kleines Bohrloch führt zu Einschränkungen in der späteren Produktionsrate, ein zu großes Loch stellt einen zusätzlichen Kostenfaktor dar. Für die Einrichtung des Bohrplatzes muss genügend Fläche vorhanden sein, da die Bohranlage (Bohrturm, Spülungspumpen, Sieb, Spülungstank, Bohrschlammgrube, etc.) viel Platz benötigen. Zur Vermeidung von Verstopfungen des Förderstranges können zusätzlich noch Drahtwickelfilter eingebaut werden, um das Eindringen von Gestein in das Bohrloch zu vermeiden.[50]

Nach Fertigstellung der Arbeiten werden Förder- bzw. Injektionsstränge eingebracht. Oft ist der vorherrschende Druck im Aquifer nicht ausreichend, um das Thermalwasser bis zur Geländeoberkante zu fördern. Daher ist der Einsatz von zusätzlicher Pumpenenergie nötig.

In Abbildung 16 wird das Schema der Übergabeanlage einer Thermalwasserförderstation dargestellt.

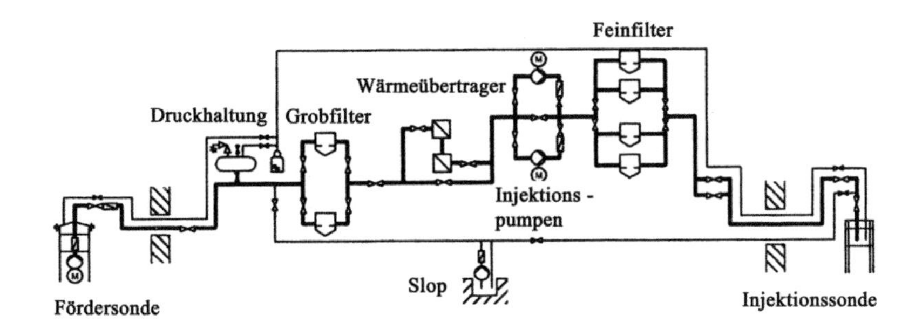

Abbildung 16: Schema Übergabeteil eines Thermalwasserkreislaufes[51]

Der Kreislauf des Thermalwassers beginnt mit der Förderung aus der Aquiferenschicht mittels einer Fördersonde. Nach der Druckerhaltungsanlage und dem Grobfilter (wichtig, damit der Wärmetauscher nicht verstopft) wird mittels Wärmetauscher (meist werden Plattenwärmetauscher eingesetzt) die Wärme an das angeschlossene Wärmenetz abgegeben. Um zu verhindern, dass verschmutztes Wasser wieder mittels Injektionssonden in den Aquifer kommt, wird das Thermalwasser zuvor noch einmal gefiltert. Um den nötigen Druck zu erreichen, werden Injektionspumpen eingesetzt.

---

[50] Vgl. Wolff in: Kaltschmitt / Huenges, Wolff (Hrsg.), 1999, S. 108 ff.

[51] Quelle: Kaltschmitt / Neubarth / Goldbrunner in: Neubarth / Kaltschmitt (Hrsg.), 2000, S. 231

Das Slop-System dient dazu, außerhalb des Rohrsystems anfallende Thermalwässer wieder in den Kreislauf zurückzuführen (z.B. bei Undichtheiten im System). Ein äußerst wichtiger Punkt ist der Korrosionsschutz der Leitungen, da Thermalwasser sehr sauerstoffarm ist und einen hohen Gehalt an aggressiver Kohlensäure beinhaltet. Kommt Sauerstoff ins System, wird der Korrosionsverlauf unkontrollierbar. Darum ist bei diesem System eine Leckageüberwachung notwendig. Um nicht der Metallkorrosion ausgesetzt zu sein, kommen heute bereits Kunststoffrohre, beschichtete metallische Werkstoffe bzw. Rohrleitungen mit glasfaserverstärktem Kunststoff zum Einsatz. [52]

Zusätzlich kommt in neueren Anlagen ein Inertgasbeaufschlagungssystem zum Einsatz. Dabei werden die Bohrungsräume und die Speicherbehälter innerhalb des Systems mit Inertgas (z.B. Stickstoff) beaufschlagt, um einen Sauerstoffeintrag in die Anlage und die damit verbundene Bildung von Oxidations- und Korrosionsprodukten zu verhindern.[53]

5.3.3 Vor- und Nachteile hydrothermaler Erdwärmenutzung

Die Vorteile von hydrothermaler Erdwärmenutzung liegen vor allem in einer fast unerschöpflichen Energiequelle. Wie bereits in Kapitel 5.3.1 beschrieben, kommt es bei der richtigen Auslegung der Förderanlage zu keiner nennenswerten Absenkung des Äthers. Zusätzlich entsteht durch die Nutzung von Thermalwasser kein CO_2.

Ein großer Nachteil liegt darin, dass die Nutzung an das Vorhandensein von heiß- bzw. warmwasserführenden Sedimentschichten gebunden ist. Der zweite große Nachteil zeigt sich in den hohen Investitionskosten zur Herstellung der Förderanlagen bzw. den hohen Bohrungskosten. Die Bohrkosten liegen lt. Kaltschmitt / Neubarth bei ca. € 2.550 / m (ca. 60 bis 70% der Investitionskosten). Weiters werden für die Bohrarbeiten große Flächen zur Zwischenlagerung des Bohraushubes bzw. für die Bohranlagen selbst benötigt.

Im Kapitel 5.4 wird die Nutzung von Umgebungswärme näher erläutert. Wiederum wird auf die Verfügbarkeit, die technischen Voraussetzungen für die Umsetzung und die Vor- bzw. Nachteile eingegangen

---

52 Vgl. Seibt / Kabus / Kaltschmitt / Nill / Schröder in: Kaltschmitt / Wiese / Streicher (Hrsg.), 2003, S. 448 ff.
53 Vgl. Kaltschmitt / Neubarth / Goldenbrunner in : Neubarth / Kaltschmitt (Hrsg.), 2000, S. 233

5.4 Nutzung von Umgebungswärme

Die Nutzung von Umgebungswärme wird vor allem durch den Einfluss der Sonne und des Grundwassers bestimmt, da hier nur jene Energie genutzt wird, welche sich in den obersten Erdschichten befindet. Es kann auch Umgebungsluft als Quelle genutzt werden. Da die Temperatur, welche dem Erdreich oder der Umgebungsluft entzogen wird, bei ca. 20° C liegt, kann diese technisch nicht genutzt werden. Es bedarf daher technischer Hilfsmittel, um diese Energie sinnvoll nutzen zu können[54].

5.4.1 Verfügbarkeit von Umgebungswärme

Die Verfügbarkeit von Umgebungswärme ist jahreszeitlichen Schwankungen unterworfen. Die langjährige mittlere Temperatur für die Stadt Salzburg beträgt z.B. 8,3°C, die Temperatur von Oktober bis März (Heizperiode) hingegen beträgt im Schnitt bei ca. 2,2°C. Beeinflusst wird die Temperatur der oberen Erdschichten im Wesentlichen durch die solare Einstrahlung bzw. Abstrahlung, durch Niederschläge und das Grundwasser. Die Temperaturverteilung ist entsprechend der Jahreszeiten, vor allem von der Sonneneinstrahlung abhängig und folgt langfristig (mit einiger Zeitverzögerung) dem Temperaturprofil der mittleren Lufttemperaturen.[55]

5.4.2 Technische Hintergründe Umgebungswärme

Um die Umgebungswärme für den technischen Gebrauch nutzbar zu machen, ist es nötig, die gewonnene Wärme aus der Umgebung entsprechend zu erhöhen. Dies geschieht in den meisten Fällen mittels einer Wärmepumpe.

Dabei wird zwischen Kompressionswärmepumpen und Absorptionswärmepumpen unterschieden. Das Prinzip der Wärmepumpe basiert auf einem Kreisprozess, bei dem der Endzustand eines Arbeitsstoffes, nach einer Reihe von Zustandsänderungen, wieder mit dem Anfangsstand identisch ist. Dabei kann Wärme von Körpern mit niedriger Temperatur auf Körper mit höherer Temperatur übertragen werden[56].

---

[54] Vgl. Sanner / Kaltschmitt in: Kaltschmitt / Huenges / Wolff (Hrsg.), 1999, S. 60

[55] Vgl. Neubarth / Kaltschmitt / Fahninger in: Neubarth / Kaltschmitt (Hrsg.), 2002, S. 184 f.

[56] Vgl. Streicher / Kaltschmitt in: Kaltschmitt / Wiese / Streicher (Hrsg.), 2003, S. 383 f.

Abbildung 17 zeigt den Wärmepumpenprozess einer Kompressionswärmepumpe.

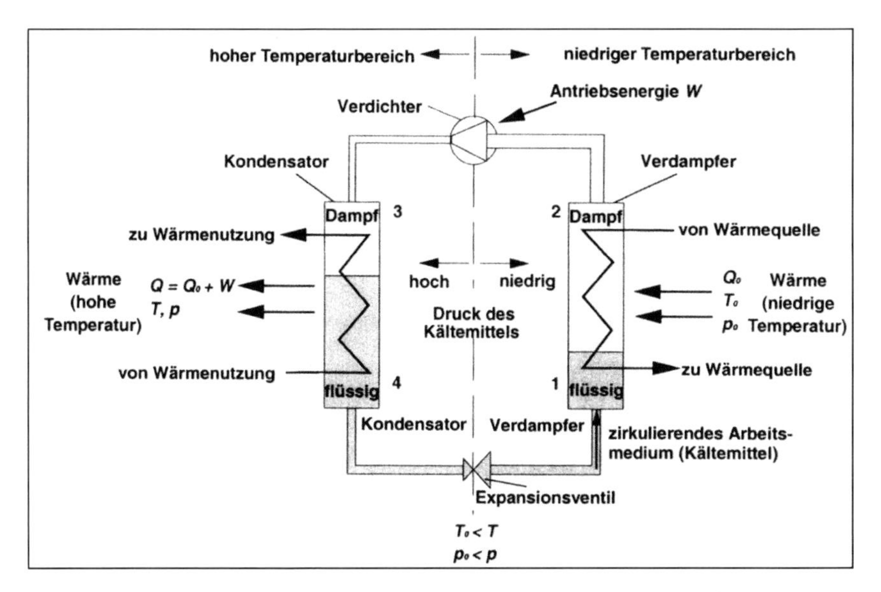

Abbildung 17: Wärmepumpenprozess einer Kompressionswärmepumpe[57]

Der Kreisprozess ist in 4 Abschnitte unterteilt: Verdampfung, Verdichten, Kondensation, Expansion. Das Arbeitsmittel[58] wird durch den Verdichter (z.B. Rollkolben) komprimiert und dabei auf ein höheres Temperaturniveau gehoben, so dass diese Temperatur über der Vorlauftemperatur liegt. Aufgrund des hohen Drucks verflüssigt sich das Arbeitsmittel wieder und gibt gleichzeitig Wärme über Wärmetauscher an die Wärmenutzungsanlage ab.

Nachdem das flüssige Arbeitsmittel nun abgekühlt ist, wird es durch das Expansionsventil geführt, wobei es immer noch flüssig ist. Erst durch die Zufuhr von Wärme wird das Arbeitsmittel wieder gasförmig. Die notwendige Verdampfungswärme wird dem Wärmeträger entzogen. Danach beginnt der Kreislauf wieder von vorne[59]. Das System der Kompressorwärmepumpe wird bereits seit Jahrzehnten bei Kühlschränken problemlos eingesetzt.

---

[57] Quelle: Neubarth / Kaltschmitt / Faninger in: Neubarth / Kaltschmitt (Hrsg.), 2000, S. 191

[58] Das Arbeitsmittel ist ein Stoff mit niedrigen Siedepunkt wie z.B. Fluorkohlenwasserstoff, Kohlenstoffdioxid oder Propan, vgl. Sanner / Kaltschmitt in: Kaltschmitt / Huenges / Wolff (Hrsg.), 1999, S. 85 f.

[59] Vgl. Neubarth / Kaltschmitt / Faninger in: Neubarth / Kaltschmitt (Hrsg.), 2000, S. 191

Der Unterschied zwischen Kompressorwärmepumpe und einer Absorptionswärmepumpe liegt in der Zuführung der Antriebsenergie des Verdichters, welche bei Absorptionswärmepumpen thermisch und bei der Kompressorwärmepumpe elektrisch zugeführt wird.

Für die Nutzung von Erdwärme kommen Erdreichwärmetauscher zum Einsatz. Diese können entweder horizontal oder vertikal sein. Bei horizontal verlegten Systemen kommen Rohre (Metall oder Kunststoff) zum Einsatz, die in einer Tiefe von ca. 1,5 m mit einem Abstand von ca. 0,5 bis 1m verlegt werden. Die genutzte Fläche sollte dabei das 1,5 bis 2-fache der beheizten Fläche betragen, um auch bei längern Kälteperioden ein Durchfrieren des Erdreiches zu verhindern[60].

Bei einer vertikalen Verlegung kommen Erdsonden zum Einsatz, welche einen wesentlich geringern Flächenbedarf aufweisen. Um eine gute Wärmeübertragung zwischen der Sonde und dem Erdreich zu gewährleisten, werden die Bohrlöcher hinterfüllt (z.B. mittels einer Bentonit-Zement-Mischung). Wie auch bei horizontalen Erdwärmetauschern besteht bei Erdwärmesonden die Gefahr einer Unterdimensionierung der Anlage, was zu einer starken Abkühlung des umliegenden Erdreiches führt. Um einer dauerhaften Abkühlung des Untergrundes entgegenzuwirken, kann z.B. die Abwärme aus Sonnenkollektoren im Sommer im Erdreich gespeichert werden[61].

Eine weitere Möglichkeit bietet (wo vorhanden) die Nutzung des Grundwassers als Wärmequelle. Dafür werden je ein Förderbrunnen und ein Schluckbrunnen errichtet, welche nicht in einem zu geringem Abstand gebaut werden dürfen, da es sonst zu einem thermischen Kurzschluss kommen kann. Auch Oberflächenwasser (Seen oder Flüsse) können als Wärmequelle genutzt werden. Aber auch Außenluft steht als Medium zur Verfügung.[62]

Um eine möglichst hohe Energieeffizienz zu erreichen, ist es wichtig, dass eine möglichst kleine Temperaturdifferenz zwischen Wärmequelle und dem Heizungsvorlauf besteht. Daher ist der Einsatz von Niedrigtemperaturstrahlern (Fußboden- oder Wandheizung) sinnvoll.

---

[60] Vgl. Streicher / Kaltschmitt in: Kaltschmitt / Wiese / Streicher (Hrsg.), 2003, S. 396

[61] Vgl. Neubarth / Kaltschmitt / Faninger in: Neubarth / Kaltschmitt (Hrsg.), 2000, S. 199

[62] Vgl. Sanner / Kaltschmitt in: Kaltschmitt / Huenges / Wolff (Hrsg.), 1999, S. 94 f.

5.4.3 Vor- und Nachteile Nutzung Umgebungswärme

Das System der Wärmepumpe ist bereits seit Jahrzehnten im Einsatz und ist technisch ausgereift und betriebssicher. Die Systemgeräte sind platzsparend und es wird kein separater Heizungsraum benötigt. Energie wird aus Erde, Wasser und Luft gewonnen.

Nachteilig ist sicherlich die Tatsache, dass für die horizontale Verlegung der Erdsonden sehr viel Fläche benötigt wird und die vertikale Verlegung mittels Bohrsonden teuer ist. Negativ ist auch, dass die Vorlauftemperatur niedrig gehalten werden muss, was den Einsatz für bereits bestehende Gebäude mit herkömmlichen Heizkörpern schwierig macht. Ein weiterer Nachteil liegt darin, dass für den Betrieb des Kompressormotors Energieeinsatz von Strom nötig ist.

Nachdem nun bereits die Nutzung von Biomasse, Wasserkraft, hydrothermaler Erdwärme und Umgebungswärme behandelt wurden, bezieht sich Kapitel 5.5 auf die Energie aus der Sonne. Dabei wird auf die Möglichkeiten der Nutzung dieser unerschöpflichen Energiequelle näher eingegangen.

5.5 Solarthermische Wärmenutzung

Die Sonne ist seit der Entstehung der Erde Energiequelle für alles Leben auf diesem Planeten. Durch die Kernverschmelzung von zwei Wasserstoffatomen entsteht einen Heliumatom. Bei dieser Kernfusion wird Materiestrahlung frei gesetzt, welche sich auf Wellenbahnen in alle Richtungen des Weltraumes ausbreitet.[63]

Die Atmosphäre unserer Erde ist für kosmische Strahlung zum größten Teil undurchlässig. Nur im optischen Wellenbereich von 10^{-2} bis 10^{2}m kann die solare Strahlung die Atmosphäre passieren. Dieser Bereich wird auch als das optische Fenster der Atmosphäre bezeichnet.[64] Kleemann / Meliß beschreiben, dass nur jener Strahlungsanteil mit einer Wellenlänge von 0,38 bis 0,78µm aus Leistungsgründen von Bedeutung ist[65].

Innerhalb der Atmosphäre wird die Strahlung zusätzlich geschwächt. Dies geschieht durch Reflektionen an der Erdoberfläche (Albedo[66]), Streuung und Absorption der Bestandteile in der Atmosphäre. Bei der Streuung (diffuse Reflexion) bleibt im Wesentlichen die Strahlung

---

63 Vgl. Wandrey, 2003, S. 16 f.
64 Vgl. Neubarth / Streicher / Kaltschmitt in: Neubarth / Kaltschmitt (Hrsg.), 2000, S. 83
65 Vgl. Kleemann / Melіß, 1993, S. 29
66 Albedo bezeichnet das diffuse Rückstrahlvermögen der Erde und beträgt über alle Erdregionen gemittelt ca. 28% der Gesamteinstrahlung der Sonne. Quelle: vgl. Kleemann / Melіß, 1993, S. 34

erhalten. Sie wird jedoch durch Wassertröpfchen, Luftmolekühle, Eiskristalle, Staub- und Verunreinigungsteilchen verändert. Dieser Vorgang findet vor allem in der Troposphäre (0-17 km) statt. Durch Absorption der Strahlungsenergie von bestimmten Bestandteilen der Atmosphäre (Ozon, CO_2, Wasserdampf) geht zusätzlich ein Teil der Strahlungsenergie verloren, da dieser in Wärme umgewandelt wird.[67]

Die zuvor beschriebene Streuung bewirkt, dass ein Teil der Strahlung nicht direkt, sondern diffus auf die Erdoberfläche auftrifft. Die Summe aus diffuser und direkter Strahlung wird als Globalstrahlung bezeichnet, wobei diese jahreszeitlichen Schwankungen unterworfen sind. In den Sommermonaten nimmt der Anteil an direkter Strahlung zu, in den Wintermonaten überwiegt der Anteil an diffuser Strahlung.[68]

5.5.1 Verfügbarkeit Solarenergie

Die Sonne steht als Energieträger auf der Erde theoretisch unbegrenzt zur Verfügung. Tatsächlich ist das verfügbare Angebot bereits innerhalb Österreichs bzw. sogar innerhalb des Pinzgaues unterschiedlich groß. Das solare Strahlenangebot liegt im Bundesdurchschnitt bei ca. 1.100 kWh/(m²a). Abweichend davon ist die Strahlenleistung vor allem im Westen und Süden höher. Dies liegt an der alpinen Morphologie und an einer durchschnittlich geringeren Wolken- und Hochnebelbedeckung.

Das solare Strahlenangebot ist erheblichen jahreszeitlichen bzw. auch tageszeitlichen Schwankungen unterworfen. Dies ist, wie bereits im Kapitel 5.5 beschrieben, auch auf den Anteil der diffusen und direkten Strahlung zurück zu führen.[69]

In Abbildung 18 werden die Tagesgänge der Globalstrahlenleistung in Radstadt für jeweils einen Sommertag (wolkenlos / teilweise bewölkt) und für einen Wintertag (wolkenlos / bedeckt) dargestellt.

---

[67] Vgl. Neubarth / Streicher / Kaltschmitt in: Neubarth / Kaltschmitt (Hrsg.), 2000, S. 84
[68] Vgl. Kaltschmitt / Streicher in: Kaltschmitt, Wiese, Streicher (Hrsg.), 2003, S. 49 ff.
[69] Vgl. Neubarth / Streicher / Kaltschmitt in: Neubarth / Kaltschmitt (Hrsg.), 2000, S. 86

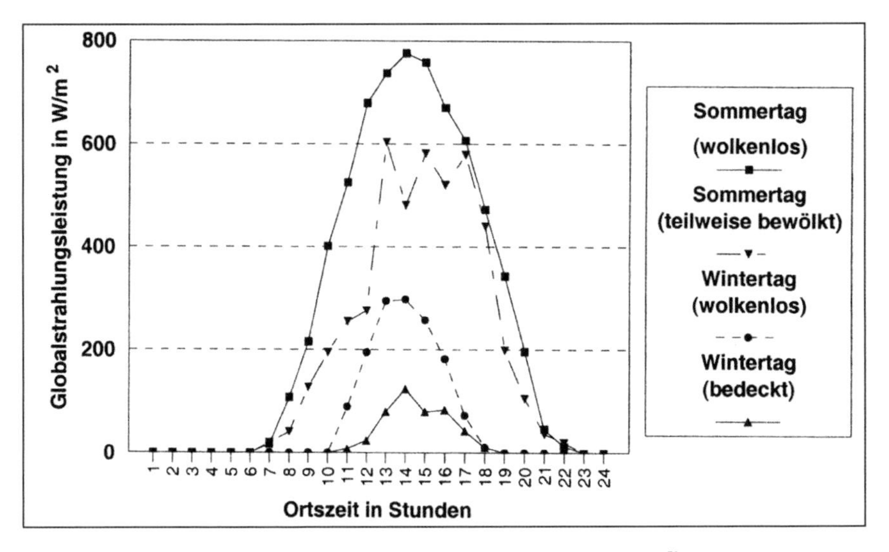

Abbildung 18: Tagesgänge der Globalstrahlung in Radstadt[70]

In Abbildung 18 ist ersichtlich, dass die Strahlung, abhängig von der Tageszeit (morgens, mittags, abends), stark schwankt. Im Sommer nimmt diese bereits in den frühen Morgenstunden (ab ca. 7 Uhr) stark zu und fällt erst nach ca. 17 Uhr wieder stark ab, bevor es um ca. 22 Uhr dunkel wird. Bei teilweiser Bewölkung ist die Strahlungsleitungsspitze rund ¼ niedriger als bei einem wolkenlosen Sommertag.

Im Vergleich dazu, beginnt an einem Wintertag die Strahlungsleistung erst nach ca. 10 Uhr und ist vor 18 Uhr bereits wieder gegen Null gesunken. An einem bedeckten Wintertag beträgt die Strahlungsleistung im Vergleich zu einem wolkenlosen Sommertag nur ca. 1/8. Abbildung 18 läst auch erkennen, dass vor allem im Winter, wenn die meiste Energie zum Heizen benötigt wird, die solare Strahlungsleistung am geringsten ist.

Wie bereits in Kapitel 2.3 (Sonneneinstrahlung) gezeigt wurde, ist auch die Strahlungsleistung in den verschieden Pinzgauer Gemeinden unterschiedlich hoch.

Wie in Abbildung 4 zu erkennen ist, liegt die horizontale Strahlungsleistung in den Pinzgauer Gemeinden zwischen 650 und 750 kWh/(m²a).

---

[70] Quelle: Neubarth / Streicher / Kaltschmitt in: Neubarth / Kaltschmitt, 2000, S. 86

5.5.2 Technische Hintergründe solarthermische Wärmenutzung

Grundsätzlich ist zwischen passiver und aktiver Solarenergienutzung zu unterscheiden. Passiv wird Solarenergie genutzt, wenn sich z.B. Gebäudeteile (Absorber) durch die Sonnenstrahlung erwärmen und diese Wärme auch über längere Zeit speichern. Bei aktiver solarthermischer Wärmenutzung wird kurzwellige Solarstrahlung mittels eines Kollektors in Wärme umgewandelt[71].

Kleemann / Melíß unterscheiden zwischen Niedertemperaturkollektoren und konzentrierende Kollektoren. In Abbildung 19 ist der schematische Aufbau eines Niedertemperaturkollektors (Flächenkollektor) dargestellt. Dieser Kollektortyp wird vorrangig für die Warmwassergewinnung in Österreich eingesetzt.

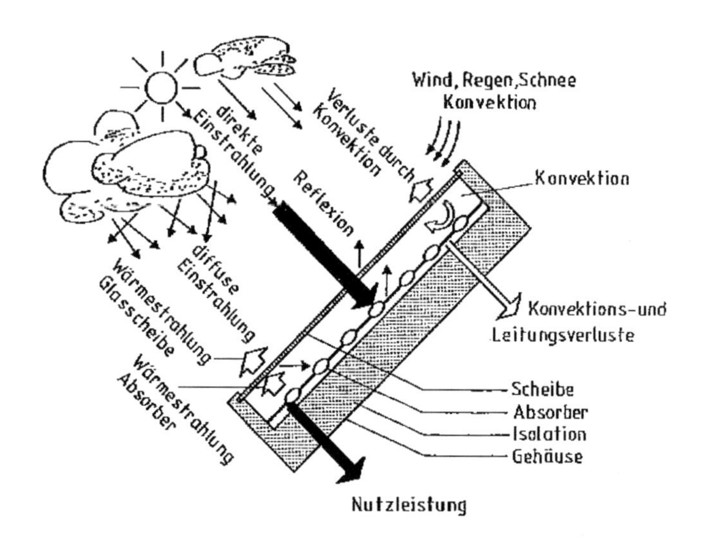

Abbildung 19: Querschnitt durch einen Flächenkollektor[72]

Der Fächenkollektor besteht aus einem Absorber, welcher die Aufgabe hat, die Sonnenstrahlung zu absorbieren und in Wärme umzuwandeln. Aufgrund dieser Anforderungen kommen als Absorbermaterial vorwiegend Metalle oder Kunststoff zum Einsatz, da auch die Wärmeleitfähigkeit zum Wärmeträger gegeben sein muss. Der Absorber wird entweder schwarz

---

[71] Vgl. Streicher in Kaltschmitt, Wiese, Streicher (Hrsg.), 2003, S. 115 ff.

[72] Quelle: Kleemann / Melíß, 1993, S. 50

angestrichen (max. Absorbertemperatur von 130°C) bzw. selektiv beschichtet (max. Absorbertemperatur 200°C) werden.

Wie in Abbildung 19 dargestellt, geht ein Teil der Einstrahlungsleistung durch Reflexion bzw. durch Wärmeabstrahlung des Absorbers wieder verloren[73]. Die unterhalb der Absorberfläche liegenden Rohre werden von einem Wärmeträgermedium durchströmt (z.B. Wasser-Glykol-Gemisch). Als Abdeckung des Kollektors sollte ein lichtdurchlässiges Medium verwendet werden, welches für die kurzwellige Solarstrahlung möglichst durchlässig, aber für die langwellige thermische Rückstrahlung des Absorbers möglichst undurchlässig, ist. Hierzu eignen sich besonders Glas bzw. Kunststoffplatten, wobei die Tendenz eher zu Glas geht, da dieses mit der Zeit nicht spröde (blind) wird. Zusätzlich kann durch die Verwendung eines Glases mit niedrigem Eisengehalt das Absorptionsvermögen im langwelligen Bereich vermindert werden. Durch Aufdampfen einer Infrarotreflektierenden Schicht auf der Unterseite, können Absorberverluste weiter verfingert werden. Um Absorberverluste zu vermeiden, wird der Kollektor hinter der Absorberfläche zusätzlich mit einer Wärmedämmung versehen.[74]

Für einfachere Anwendungsgebiete, wie z.B. die Beheizung von Schwimmbädern, kommen sog. Schwimmbadabsorber zum Einsatz, diese Kollektoren bestehen meist nur aus einer Absorberfläche, in welcher die Rohrleitungen verlegt sind. Da in Schwimmbädern eine max. Wassertemperatur von ca. 28°C ausreichend ist, wird auch bewusst auf die Vorteile der Absorberkästen verzichtet, da die Vorlauftemperatur nicht so hoch wie bei der Brauchwasserbereitung sein muss.[75]

Luftkollektoren kommen in Österreich aufgrund des geringen konstruktiven Aufwandes v.a. in der Landwirtschaft zur Trocknung von Stroh und Heu zum Einsatz. Hierbei wird der Absorber nicht mit Wasser sondern mit Luft durchströmt[76].

Wie bereits erwähnt, werden auch konzentrierende Kollektoren eingesetzt. Die Strahlung wird mithilfe von Spiegelflächen reflektiert, gebündelt und auf eine Absorberfläche gestrahlt. Somit können Temperaturen bis zu 1000°C (mit Rotations-Paraboloid-Spiegel) erreicht werden. Der Nachteil bei diesem System ist, dass nur der direkte Teil der Strahlung verwendet wird und eine derartige Anlage nur in Gebieten mit einem hohen Direktstrahlenanteil

---

73 Vgl. Neubarth / Streicher / Kaltschmitt in: Neubarth / Kaltschmitt (Hrsg.), 2000, S. 88
74 Vgl. Kleemann / Melíß, 1993, S. 50 ff.
75 Vgl. Neubarth / Streicher / Kaltschmitt in: Neubarth / Kaltschmitt (Hrsg.), 2000, S. 89
76 Vgl. Streicher in Kaltschmitt, Wiese, Streicher (Hrsg.), 2003, S. 149

effizient eingesetzt werden kann. Um den vollen Wirkungsgrad erreichen zu können, ist eine Nachführung der Spiegelanlage je nach Sonnenstand (z.B. mittel eines Motors) nötig.[77]

Zur Komplettierung einer Solar-Anlage gehört auch eine entsprechende Speichereinheit, um die zeitlich relativ kurz auftretende bzw. schwankende Energie zwischen zu speichern. Diese Speichereinheit stellt in den gängigsten Fällen ein Wasserspeicher dar. Die Größe des Speichermediums kann hier von einem normalen Warmwasserspeicher bis hin zu einem künstlich angelegten und abgedeckten See gehen. Auch Feststoffspeicher können zur Zwischenspeicherung eingesetzt werden. Diese werden oft in Kombination mit Luft als Wärmeträger verwendet. Die Luft durchströmt den Wärmespeicher (z.B. Schüttungen aus Kies oder massereiche Teile eines Gebäudes) von oben nach unten. Das Speichermedium gibt später die gespeicherte Wärme wieder nach oben ab. Der Nachteil an Feststoffspeicher liegt darin, dass diese für die gleiche Speicherkapazität ca. 2-3-mal größere Volumina benötigen.[78]

5.5.3 Vor- und Nachteile solarthermische Wärmenutzung

Die Nutzung von solarthermischer Wärme ist in Österreich weit verbreitet. Vorteile sind dabei die relativ einfache Handhabung der Anlage im Betrieb, die CO_2 freundliche Energiegewinnung, und vor allem hohe Investitionszuschüsse[79].

Nachteilig wirken sich die jahreszeitlich bedingten Schwankungen aus, da vor allem im Winter das Energieangebot sehr gering ausfällt und derzeit noch entsprechend langfristige Speichermöglichkeiten fehlen. Daher kann auf ein konventionelles zusätzliches Heizungssystem nicht verzichtet werden.

Aufgrund der Verluste der gesamten Anlage stehen nach Neubarth / Kaltschmitt nur rund 27% der Energie der solaren Strahlung zur Verfügung. Die größten Verluste treten dabei beim Kollektor (ca. 30%) und bei der Umwandlung der solaren Strahlung in Wärme (ca. 25%) auf. Zusätzliche Wärmeverluste an die Umgebung, Leitung und Speicher (zusammen ca. 33%) führen zu dem zuvor erwähnten Systemnutzungsgrad.[80]

Das nachfolgende Kapitel 5.6 geht auf die Stromerzeugung aus Photovoltaikanlagen ein. Hierbei wird der Photovoltaikeffekt erläutert, der Wirkungsgrad solcher Anlagen wird behandelt und es wird auch auf die Vor- und Nachteile solcher Anlagen eingegangen.

---

77 Vgl. Neubarth / Streicher / Kaltschmitt in: Neubarth / Kaltschmitt (Hrsg.), 2000, S. 91
78 Vgl. Neubarth / Streicher / Kaltschmitt in: Neubarth / Kaltschmitt (Hrsg.), 2000, S. 92 f.
79 Vgl. dazu Kapitel 5.5.4 Förderungen von Solaranlagen
80 Vgl. Neubarth / Streicher / Kaltschmitt in: Neubarth / Kaltschmitt (Hrsg.), 2000, S. 104

5.6 Photovoltaische Stromerzeugung

Die Photovoltaik ist neben der solarthermischen Wärmegewinnung eine zusätzliche Form der Energiegewinnung aus solarer Strahlungsenergie. Bereits 1839 wurde der photovoltaische Effekt von Becquerel entdeckt. Die Solarzellen bekamen aber erst durch die Nutzung im Weltraum neuen Aufschwung, da diese resistent gegen die außerordentlich hohe energetische Strahlung im Weltraum waren. Allerdings hatten diese Zellen nur einen Wirkungsgrad von ca. 5%[81]. Solarzellen können Licht direkt in elektrischen Strom umwandeln. Grundlage dafür ist wie bereits erwähnt der photovoltaische Effekt. Hierbei absorbiert die Solarzelle das Licht der Sonne (elektromagnetische Energie) und es entsteht eine elektrische Spannung an den Anschlussklemmen. Diese Spannung führt bei angeschlossenem Verbraucher zu einem elektrischen Strom[82]. Die genaue Funktionsweise von Solarzellen wird noch in Kapitel 5.6.2 erläutert.

5.6.1 Verfügbarkeit Strom aus Photovoltaik-Anlagen

Die Verfügbarkeit von Energie aus Photovoltaik hängt mit dem Vorhandensein von Licht (Sonne) zusammen, da die Energieerträge proportional zur eingestrahlten Sonnenenergie sind. Darum ist auch die Leistung von Photovoltaik-Anlagen zeitlich verschieden (vgl. dazu auch Kapitel 5.5.1 – Verfügbarkeit Solarenergie) und vor allen in den Sommermonaten, wenn wenig Energie benötigt wird, haben Photovoltaik-Anlagen die größte Leistung.

5.6.2 Technische Hintergründe von Photovoltaik-Anlagen

Damit ein Festkörper elektronisch leitfähig ist, müssen frei bewegliche Elektronen vorhanden sein. Für Photovoltaik-Anlagen werden Halbleiter eingesetzt, welche bei niedrigen Temperaturen nicht leitend sind, aber mit steigenden Temperaturen leitend werden. Bei höheren Temperaturen können sich Valenzelektronen aus ihren Verbindungen lösen und eine Lücke hinterlassen. In diese Lücke kann das nächste Elektron nachrücken. Durch die Dotierung mit Fremdatomen kann die Leitfähigkeit gesteigert werden.

---

81 Vgl. Kleemann / Meliß, 1993, S. 158

82 Vgl. Wandrey, 2003, S. 84 f.

In Abbildung 20 wird der prinzipielle Aufbau einer Silizium-Solarzelle dargestellt.

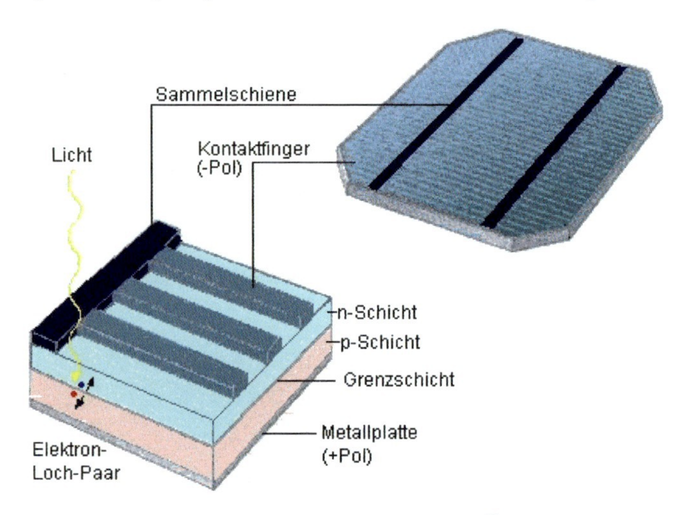

Abbildung 20: Aufbau einer Solarzelle[83]

Sehr reines Silizium wird auf der Sonnenseite mit z.B. Phosphor-Atomen und auf der Schattenseite mit Bor- Atomen dotiert. Phosphor besitzt ein Elektron mehr als Silizium, Bor ein Elektron weniger. Die obere Schicht wird als n-Schicht, die untere als p-Schicht bezeichnet. Zwischen der Ober- und Unterseite besteht eine Spannungsdifferenz. Um zu verhindern, dass diese Differenz selbstständig ausgeglichen wird, ist zwischen n-und p-Schicht eine Grenzschicht vorhanden.

Treffen nun Photonen auf einen Halbleiter, wird ihre Energie an den Valenzverband[84] abgegeben und es entsteht ein Elektronen-Loch-Paar. Infolge der bei der Bestrahlung stattfindenden Ladungstrennung kommt es zu einer Anreicherung von Elektronen im n-Bereich und von Löchern im p-Bereich. Werden diese beiden Bereiche nun an eine leitende Verbindung angeschlossen, fließt der Kurzschlussstrom, welcher proportional zur Bestrahlungsstärke steigt[85].

---

83 Quelle: URL: http://leifi.physik.uni-muenchen.de/web_ph10/umwelt-technik/16solarzelle/funktion.htm [14.05.08]

84 Valenzverband = Elektronen bewegen sich in Bahnen definierter Energiezustände um den Atomkern herum. Treten nun mehrere Atome in Wechselwirkung weiten sich diese Energiezustände zu Energiebändern auf

84 Quelle: Vgl. Neubarth / Wilk / Kaltschmitt in: Neubarth / Kaltschmitt (Hrsg.), 2000, S. 123

85 Vgl. Wandrey, 2003, S. 87 f. und Kleemann / Melíß, 1993, S. 168 f.

In der Vergangenheit konnten verschiedene Zellentypen entwickelt werden, die auch entsprechend unterschiedliche Wirkungsgrade aufweisen. In Tabelle 3 wird der Wirkungsgrad der verschiednen Zellen im Labor bzw. nach der Fertigung dargestellt.

Material	**Typ**	**Wirkungsgrad**	
		Labor	**Fertigung**
Mono Silizium, einfach	kristallin	24,5	15,0 - 18,0
Multi -Silizium, einfach	kristallin	19,8	13,0 - 15,0
Amorphes Silizium, einfach	Dünnschicht	12,7	6 - 8,0
MIS -Inversionsschicht (Silizium)	kristallin	17,9	16,0
Konzentratorzelle (Silizium)	kristallin	26,8	25,0
Tandem 2 - Schicht, amorphes Silizium	Dünnschicht	13,0	8,8
Tandem 3 - Schicht, amorphes Silizium	Dünnschicht	14,6	10,4
Galliumasenid (GaAs), mono	kristallin	30,3	21,0
Cadmiumtellurid (CdTe)	Dünnschicht	16,0	11,0
Kupfer - Indium - Diselenid (CuInSe2)	Dünnschicht	17,0	14,0

Tabelle 3: Wirkungsgrade von Solarzellen[86]

Wie aus Tabelle 3 ersichtlich ist, wird der höchste Wirkungsgrad mit ca. 25% bei einer Konzentratorzelle erreicht. Hier wird durch die Verwendung von Spiegel und Linsen eine höhere Lichtintensität auf die Solarzellen fokussiert. Zellen aus Mono Silizium erreichen mit bis zu 18% auch einen relativ guten Wirkungsgrad.

Eine Zelle alleine bildet noch keine Photovoltaik Anlage. Dafür werden mehrere Zellen zu einem Modul zusammengefasst und elektrisch miteinander verbunden. Je nach Modulanzahl können Spannung bzw. Stromstärke variiert werden. Da durch Beschattung einzelne Zellen eines Moduls in ihrer Leistung beeinflusst werden können, wirken diese im Verbund nicht mehr als Generator, sonder als Last. Dies kann dazu führen, dass diese Zellen zerstört werden. Um dies zu vermeiden wird jedes Modul mit einer Bypassdiode überbrückt bzw. wird eine zusätzliche Sicherung angebracht.

---

[86] Quelle: Neubarth / Wilk / Kaltschmitt in: Neubarth / Kaltschmitt (Hrsg.), 2000, S. 132

[86] Eigene Darstellung

Nachdem ein Solarmodul nur Gleichspannung (DC) liefert, muss diese mittels eines Wechselrichters in eine sinusförmige Wechselspannung (AC) umgerichtet werden. Die Verluste des Wechselrichters sind dabei nicht unerheblich. Neubart / Kaltschmitt beschreibt diese mit 10 – 15% bzw. 1 – 3% bezogen auf die eingestrahlte Sonnenenergie. Um eine optimale Energieausbeute erzielen zu können, ist auch die Ausrichtung der Photovoltaik-Anlage sehr wichtig. Darum gibt es auch Anlagen, bei denen mittels einer Nachführung die Solarmodule immer so ausgerichtet werden, dass die höchste Energieausbeute erreicht wird.[87]

5.6.3 Vor- und Nachteile Photovoltaik-Anlagen

Der Vorteil von Photovoltaik-Anlagen ist, dass diese auch für Insellösungen einsetzbar sind, sei es für eine Almhütte, für den Antrieb einer Wasserpumpe oder zur kommerziellen Stromgewinnung. Außerdem steht der Rohstoff zur Energiegewinnung (die Sonne) kostenlos und zeitlich unbegrenzt zur Verfügung. Die Einspeisung von Solarstrom ins öffentliche Netzt wird zusätzlich gefördert.

Der Nachteil liegt vor allem in den hohen Herstellungskosten, dem derzeit noch relativ schlechten Wirkungsgrad der Anlagen und den hohen Kosten in der Anschaffung der Anlage. Außerdem kann für die Installation der Anlage nicht jede beliebige Stelle verwendet werden, da diese schattenfrei sein sollte, im Winter leicht erreichbar um Schnee zu entfernen und auch der Neigungswinkel der Kollektoren muss stimmen, um eine optimale Leistungsausbeute zu erhalten.

Durch die Energie der Sonne kann nicht nur Warmwasser bzw. Strom aus Photovoltaik-Anlagen gewonnen werden. Die Sonne ist auch verantwortlich für die Entstehung von Wind. Die Stromerzeugung aus Windenergie wird im folgenden Kapitel näher erläutert.

5.7 Stromerzeugung aus Windenergie

Die ersten geschichtlichen Hinweise auf die Nutzung des Windes zum Antrieb von Windrädern finden sich bereits ca. 950 Jahre nach Christus. Zuerst waren dies einfache, mit Stroh bedeckte Flügel, die sich auch nicht nach dem Wind ausrichten konnten. Später wurden diese Windräder weiter entwickelt und zum Mahlen von Getreide, zum Holzsägen und zum Wasserpumpen verwendet. In Europa waren Windmühlen etwa vom 13 bis zum 20 Jahr

---

[87] Vgl. Kaltschmitt / Rau / Preiser, Roth in: Kaltschmitt, Wiese, Streicher (Hrsg.), 2003, S. 217 ff.

hundert im Einsatz. Durch den Einsatz von Dampfmaschinen und in späterer Folge Motoren mit fossilen Brennstoffen bzw. Elektrizität wurden Windmühlen fast völlig verdrängt. Nach einem kurzzeitigen Wiederaufleben im ersten Weltkrieg wurde erst in den 70er Jahren des 20. Jahrhunderts (Ölkrise) die Nutzung des Windes als Energiequelle wieder entdeckt. Dabei kamen vor allem in Amerika und Dänemark die ersten größeren Windkraftanlagen zur Stromerzeugung zum Einsatz.[88]

5.7.1 Verfügbarkeit Windkraft

Wind entsteht als Ausgleichsströmung zwischen Gebieten mit unterschiedlichen Luftdrücken. Die Massen strömen dabei von Gebieten mit hohem Luftdruck in Gebiete mit tiefem Luftdruck. In Abbildung 21 wird das Monatsmittel der Windgeschwindigkeit einiger Messstationen im Pinzgau bzw. als Vergleichsort Neusiedl dargestellt.

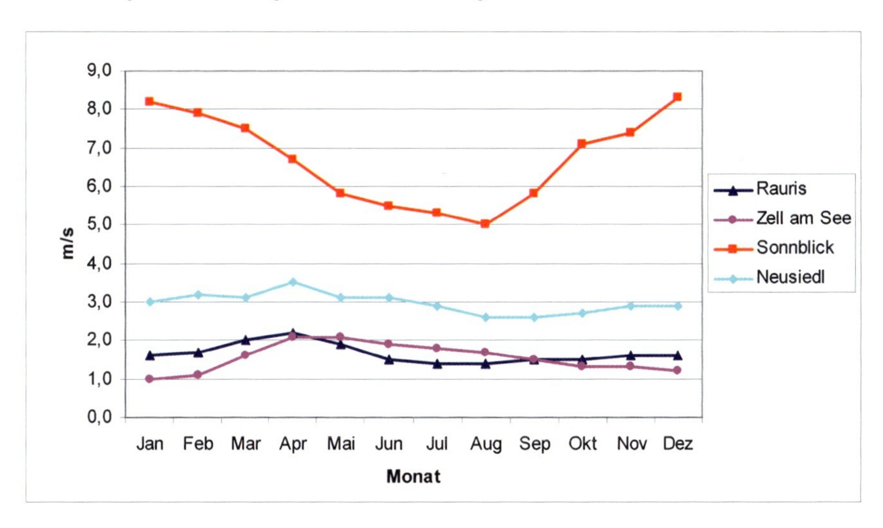

Abbildung 21: Monatsmittel der Windgeschwindigkeit in m/s[89]

---

[88] Vgl. Tacke, 2004, S. 11 ff.

[89] Quelle: Daten modifiziert übernommen von URL: http://www.zamg.ac.at/fix/klima/oe71-00/klima2000/klimadaten_oesterreich_1971_frame1.htm [22.05.2008]

[89] Eigene Darstellung

Wie in Abbildung 21 dargestellt, sind die Monatsmittel der Windgeschwindigkeiten in den Gemeinden Rauris und Zell am See annähernd gleich hoch. Im Vergleich dazu, wurden auch die Werte der Gemeinde Neusiedl am See dargestellt, da dort bereits Windkraftanlagen im Einsatz sind. Die Daten vom Sonnblick weichen stark ab, da hier die Messstation auf über 3000m Seehöhe, auf der höchsten Wetterstation Europas liegt. Im Mittelwert liegt die durchschnittliche Windgeschwindigkeit im Pinzgau bei ca. 1,6 m/s.

5.7.2 Technische Hintergründe Windkraftanlagen

Zur Nutzung der kinetischen Energie der strömenden Luft wird diese beim Rotor einer Windkraftanlage abgebremst und in kinetische Energie des Windrotors umgewandelt. Dabei wird zwischen Rotoren mit vertikaler Drehachse (Savonius-, Darrieus- u. H-Rotor) und Horizontalachsen-Rotoren unterschieden. Zusätzlich gibt es auch noch Windenergie-Konzentratoren (z.B. Aufwindkraftwerke)[90].

In Abbildung 22 wird eine Windkraftanlage mit einem horizontalen Rotor dargestellt. Diese Bauweise stellt das vorherrschende Konstruktionsprinzip dar.

---

90 Vgl. Hau, 2003, 66 ff.

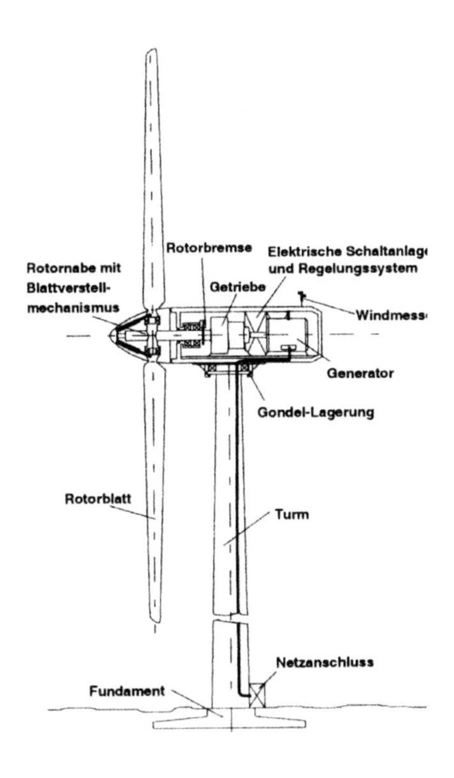

Abbildung 22: Schematische Darstellung Horizontalachsen Windkraftanlage[91]

Durch die Verstellung der Rotorblätter um die Längsachse und dementsprechend eine Änderung des Blatteinstellwinkels, kann die Rotordrehzahl und somit auch die Leistung der Anlage geregelt werden. Dies stellt auch einen Schutz gegen Überdrehzahl bei extremen Windgeschwindigkeiten dar. Die Rotornarbe stellt die Verbindung zwischen der Rotorwelle und den Rotorblättern her. Das Getriebe wird benötigt, wenn die Nenn - Drehzahl des Rotors von der Drehzahl des Generators abweicht. Der Generator selbst ist meist als Synchron- oder Asynchrongenerator ausgelegt. Mittels der Windnachführung kann die Maschinengondel exakt in die jeweilige Windrichtung ausgerichtet werden.[92]

---

[91] Quelle: Neubarth / Kaltschmitt / Brauner in: Neubarth / Kaltschmitt (Hrsg.), 2000, S.163

[92] Vgl. Kehl / Kaltschmitt / Streicher in: Kaltschmitt / Wiese / Streicher (Hrsg.), 2003, S. 285 ff.

5.7.3 Vor- und Nachteile Windkraftanlagen

Ein Vorteil der Nutzung von Wind zur Energiegewinnung ist, dass dabei keine schädlichen Treibhausgase produziert werden. Zur Nutzung der kinetischen Energie müssen keine Dämme errichtet werden bzw. müssen auch keine tiefen Löcher in die Erde gebohrt werden, was die Errichtung von Windkraftanlagen relativ einfach gestaltet.

Nachteilig ist allerdings, dass Wind nicht speicherbar ist und somit die Anlagen bei Flaute nicht betrieben werden können. Zusätzlich können bei zu starkem Wind die Anlagen nicht das volle Potential der zusätzlichen kinetischen Energie ausnützen, da es bei zu hohen Drehzahlen zu Beschädigungen der Rotorblätter bzw. des Getriebes und des Generators kommen kann. Weitere negative Aspekte von Windkraftanlagen sind sowohl die Geräuschkulisse als auch die Schattenbildung solcher Anlagen. Daher wird versucht, Windkraftanlagen nicht in der Nähe von Wohnsiedlungen zu errichten.

Im nachfolgenden Kapitel wird die Funktionsweise einer Brennstoffzelle näher erläutert. Eine Brennstoffzelle für sich stellt zwar keine erneuerbare Energiequelle dar, kann aber mit erneuerbaren Energiequellen (z.B. wird Biogas oder Erdgas zuvor in Wasserstoff umgewandelt) betrieben werden.

5.8 Brennstoffzelle

Die Urform der heutigen Brennstoffzelle wurde bereits 1839 von Sir William Grove entwickelt. Diese bestand aus zwei Platinelektroden, die in Schwefelsäure getaucht und mit Wasserstoff und Sauerstoff umspült wurden. Aufgrund der zu geringen messbaren Spannung konnte sich die Brennstoffzelle gegenüber des Elektrodynamos oder des Verbrennungsmotors nicht durchsetzten. In den 60er Jahren baute sowohl Siemens als auch Varta an alkalischen Brennstoffzellen, wobei immer nur reiner Wasser- und reiner Sauerstoff verwendet wurden. Später kamen Brennstoffzellen auch als Energielieferant bei der bemannten Raumfahrt zum Einsatz. Das Einsatzgebiet heutiger Brennstoffzellen ist weit gestreut. So können diese z.B. für den Antrieb von PKWs, Notebooks, U-Boot-Antriebe, Schiffsantriebe oder auch für die Raumfahrt verwendet werden.[93]

---

93 Vgl. Stolten / Biedermann / De Haart / Höhlein, Peters in: Rebhan (Hrsg.), 2002, S. 449 ff.

5.8.1 Technische Hintergründe Brennstoffzellen

In einer Brennstoffzelle wird chemische Energie direkt in Elektrizität und Wärme umgewandelt. Das Brenngas und das Oxidationsmittel sind dabei durch eine gasdichte Membran voneinander getrennt.

Abbildung 23 zeigt das Prinzip einer Brennstoffzelle, welche mit Wasserstoff betrieben wird.

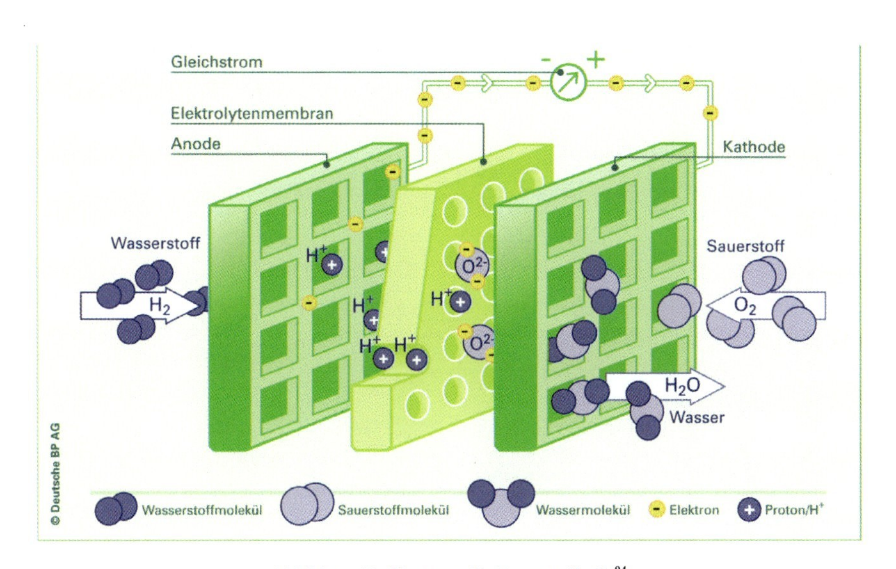

Abbildung 23: Wasserstoff - Brennstoffzelle[94]

Das Wasserstoffgas (Brenngas) spaltet sich an der Anode zu Protonen (H^+) und Elektronen (e^-) auf. Die H^+ Protonen gelangen durch den protonenleitenden Elektrolyt zur Kathode, die Elektronen hingegen verrichten durch den angeschlossenen Stromverbraucher elektrische Arbeit und gelangen danach an die Kathode. Bei der Kathode reagieren H^+ und e^- mit Sauerstoff zu Wasser. Bei Stromfluss liefern einzelne Zellen bis zu 1 Volt. Daher ist es nötig, mehrere Zellen hintereinander zu schalten (seriell) um auf eine brauchbare Spannung zu kommen[95].

---

[94] Quelle: URL: http://www.deutschebp.de/ [25.06.2008]

[95] Vgl. Stolten / Biedermann / De Haart / Höhlein, Peters in: Rebhan (Hrsg.), 2002, S. 452 f.

Brennstoffzellen können aber nicht nur mit reinem Wasserstoff betrieben werden, z.B. kann auch Erdgas (Biogas) verwendet werden. Dazu ist es allerdings nötig, dieses vorher zu entschwefeln und danach in H_2Co_2 aufzuspalten. Als Heizgerät verwendet, benötigt eine Brennstoffzelle noch zusätzliche Komponenten. Um den erzeugten Gleichstrom in das Netz einspeisen zu können, muss ein Wechselrichter installiert werden. Für Spitzenlasten ist es nötig, ein Zusatzheizgerät zu installieren. Die beim Umwandlungsprozess entstehende Wärme kann als Nutzwärme in den Heizungskreislauf eines Gebäudes abgegeben werden.[96]

5.8.2 Vor- und Nachteile Brennstoffzellen

Die Vorteile der Brennstoffzelle liegen darin, dass diese keine Schadstoffe bei der Verwendung von Wasserstoff als Brennmittel ausstößt. Die Brennstoffzelle ist sowohl Strom als auch Wärmelieferant. Wird allerdings z.B. Erdgas verwendet, so wird ein geringer Anteil CO_2 freigesetzt. Auch ist die Entwicklung von Brennstoffzellen noch nicht so weit fortgeschritten, als dass diese in großen Stückzahlen bei Mehrfamilienhäusern zum Einsatz kommen könnten. Dies liegt vor allem an der noch relativ kurzen Lebensdauer und den hohen Anschaffungskosten (ca. € 1.000 /kWh).

Im Kapitel 5 wurden sämtliche regional regenerativen Energiequellen behandelt, die theoretisch für den Raum Pinzgau in Frage kommen können.

- Biomasse
- Wasserkraft
- Solarthermische Wärmenutzung
- Photovoltaische Stromerzeugung
- Hydrothermale Erderwärmung
- Umgebungswärme
- Windenergie,
- Brennstoffzelle

Im folgenden Kapitel wird nun auf Fördermöglichkeiten bei Verwendung der regenerativen Energieträger eingegangen.

---

96 Vgl. Rechnagel / Sprenge / Schramek, 2007, S. 237

6 FÖRDERUNGEN

Der Einsatz von regenerativen Energieträgern wird in Abhängigkeit jedes Bundeslandes unterschiedlich gefördert. Da sich die Förderkriterien je nach politischer Lage ändern können bzw. teilweise nur für 1 Jahr gültig sind, wird an dieser Stelle auf eine detaillierte Erläuterung der derzeitigen Förderkriterien verzichtet. Eine ausführliche Darstellung der derzeitigen Fördersituation für das Bundesland Salzburg ist im Anhang beigefügt[97].

---

[97] siehe Anhang

7 Rechtlicher Hintergrund Änderung des Heizungssystems

Das WEG 2002 unterscheidet zwischen ordentlicher und außerordentlicher Verwaltung. Diese Unterscheidung ist wichtig, da Angelegenheiten der ordentlichen Verwaltung vom Verwalter in eigener Verantwortung ausgeführt werden. Darunter fällt die Erhaltung der allgemeinen Teile der Liegenschaft wie z.B. das Dach, das Treppenhaus oder die Behebung ernster Schäden am Haus. Auch der Austausch der Zentralheizungsahnlange (bei Defekt) ist eine Angelegenheit der ordentlichen Verwaltung.

Zu Maßnahmen der außerordentlichen Verwaltung zählen nützliche Verbesserungen und sonstige, über die Erhaltung hinaus gehende, bauliche Veränderungen. Der Anschluss an Fernwärme oder die Umstellung von Öl auf Gas oder Biomasse zählt beispielsweise zur außerordentlichen Verwaltung[98].

Mehrheitsbeschlüsse bei Maßnahmen der ordentlichen Verwaltung können vom Wohnungseigentümer nicht aufgrund des beschlossenen Inhalts angefochten werden. Hingegen können Beschlüsse der außerordentlichen Verwaltung vom Gericht inhaltlich geprüft werden.

Ein weiterer Unterschied liegt darin, dass bei Angelegenheiten der außerordentlichen Verwaltung der Verwalter nur aufgrund eines Mehrheitsbeschlusses tätig werden darf. Handelt der Verwalter ohne diesen Beschluss, kann er sich schadenersatzpflichtig machen.

Das WEG 2002 sieht grundsätzlich 2 Arten der Beschlussfassung vor: die Abstimmung in der Eigentümerversammlung und schriftliche Beschlüsse. Maßgeblich für die Ermittlung der Mehrheit ist dabei das Verhältnis an Miteigentumsanteilen und nicht die bei der Versammlung anwesenden Miteigentümer. Für bestimmte Angelegenheiten wird die Zustimmung aller Eigentümer benötig. Dies gilt z.B. für die Veräußerung von allgemeinen Teilen der Liegenschaft. Das Ergebnis der Abstimmung muss jedem Eigentümer an eine bekannt gegebene Zustellanschrift zugestellt werden bzw. muss das Ergebnis auch im Haus angeschlagen werden.

---

98 Vgl. Tschütscher, J., 2006, S. 157 ff.

Jeder Eigentümer hat auch das Recht, einen gefassten Beschluss anzufechten. Wesentlich dafür ist, ob, wann und aus welchem Grund ein Beschluss angefochten werden kann. Gemäß § 24 Abs. 6 WEG 2002 gelten folgende Anfechtungsgründe:

- Formelle Mängel
- Gesetzeswidrigkeit
- Fehlen der erforderlichen Mehrheit
- Inhaltskontrolle gemäß § 29 WEG 2002 (gilt nur für Angelegenheiten der außerordentlichen Verwaltung)

Die Anfechtungsfrist beträgt für Angelegenheiten der ordentlichen Verwaltung ein Monat (formelle Mängel, Gesetzeswidrigkeit, fehlen der erforderlichen Mehrheit) und für die inhaltliche Überprüfung drei bzw. sechs Monate, wenn der Wohnungseigentümer von der beabsichtigten Beschlussfassung nicht informiert wurde. Die Frist beginnt mit Anschlag des Beschlusses im Haus.

Zur Umstellung des Heizungssystems bedarf es also eines mehrheitlichen Beschlusses der Eigentümergemeinschaft. Dabei ist darauf zu achten, dass der geplante Beschluss auch jedem Eigentümer kund getan wurde (auf der Einladung der Eigentümerversammlung) und dass nach der Beschlussfassung noch die Einspruchsfrist (in diesem Fall bis zu sechs Monate) abgewartet werden sollte, bis mit der Ausführung begonnen wird.

Kapitel 2 – 6 haben sich mit allgemeine Informationen über den Pinzgau, eine Abgrenzung der betrachteten Gebäudetypen, die relevante Marktgröße, regional alternative Energiequellen und rechtliche Hintergründe bei einer Änderung der Heizungsanlage beschäftig. Nun wird in Kapitel 7 anhand eines Praxis-Beispiels gezeigt, welche Schritte für den Austausch einer Heizungsanlage erforderlich sind bzw. eine Auswahl getroffen, welches Heizungssystem für die betrachtete Wohnanlage in Frage kommt.

8 UMSETZUNGSMÖGLICHKEITEN ANHAND EINES BEISPIELS

Der Einsatz von regenerativen Energiequellen bekommt durch die derzeitigen Heizölpreise eine ganz neue Bedeutung. Vor allem für Wohnanlagen, bei denen sowohl Warmwasser als auch die Heizung über eine zentrale Ölheizung produziert werden. Hier muss auch in den Sommermonaten der Kessel in Betrieb gehalten werden. Da der Kessel aber für eine weit größere Last ausgelegt wurde, kann dieser im Sommer nicht in einem optimalen Wirkungsgrad arbeiten. Im Folgenden wird nun der Einsatz von regenerativen Energiequellen anhand eines Beispiels vorgezeigt. Die jeweiligen Investitionskosten und Betriebskosten der Anlagen sind Nettokosten und wurden überschlägig ermittelt bzw. durch Gespräche mit Herstellerfirmen kalkuliert.

8.1 Alternative Energiequelle für die Wohnanlage Hinterfeldweg

Als Anschauungsobjekt wird eine Mehrfamilienwohnhausanlage in Hinterglemm verwendet, welche in Abbildung 24 ersichtlich ist (Gebäude mit roten Ziffern).

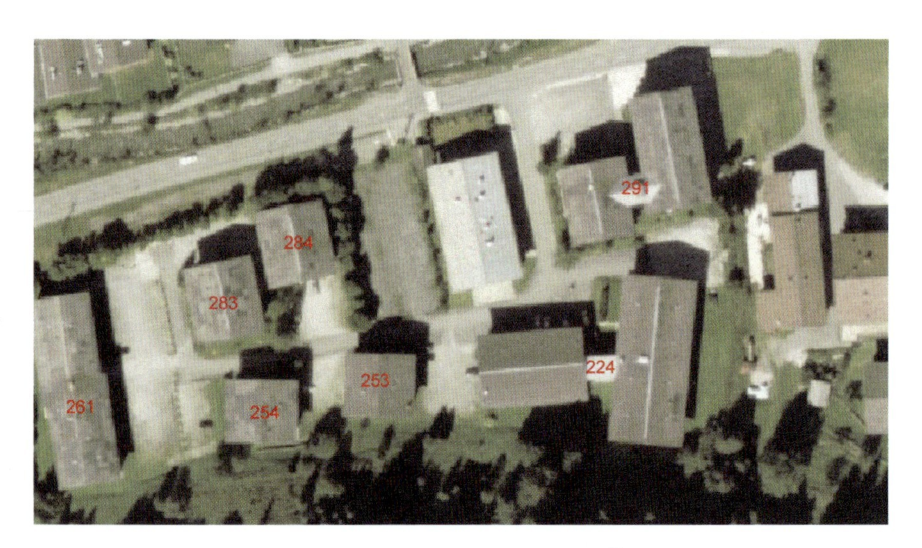

Abbildung 24: Wohnanlage Hinterfeldweg[99]

[99] Quelle: Grafik modifiziert übernommen aus URL: http://www.salzburg.gv.at/landkarten.htm [03.06.08]

Die Wohnanlage Hinterfeldweg befindet sich auf ca. 1053m Seehöhe in Hinterglemm, unmittelbar neben einem Schilift. Erbaut wurden die Häuser zwischen 1964 und 1974 durch einen oberösterreichischen Bauträger. In der gesamten Wohnanlage befinden sich 260 Wohnungen, welche überwiegend als Zweitwohnsitz genutzt werden. Durch diese nur vorübergehende Nutzung, ist die Wohnanlage vor allem zu Weihnachten, in den Semesterferien und zu Ostern belegt. Saalbach ist als Wintersportort bekannt, dementsprechend gering ist die Nutzung Wohnungen im Sommer, wie auch aus Tabelle 4 zu entnehmen ist.

Jan	Feb	Mär	Apr	Mai	Jun	Jul	Aug	Sep	Okt	Nov	Dez
16%	16%	13%	7%	3%	4%	7%	7%	6%	6%	4%	11%

Tabelle 4: Belegungsdaten Wohnanlage Hinterfeldweg

Die Daten obiger Tabelle wurden aufgrund der Stromzählerstände ermittelt, welche von den Hausmeistern der Wohnanlagen wöchentlich abgelesen werden. Zu erkennen ist, dass in den 4 Wintermonaten (Dezember – März) mehr als 50% der Jahresbelegung auftritt.

Die Erfassung dieser Daten ist wichtig, um das Heizsystem entsprechend der Belegungszeiträume auslegen zu können. Diese starken Belegungsschwankungen spiegeln sich auch in einem stark schwankenden Heizölverbrauch wider, wie in Abbildung 25 ersichtlich ist.

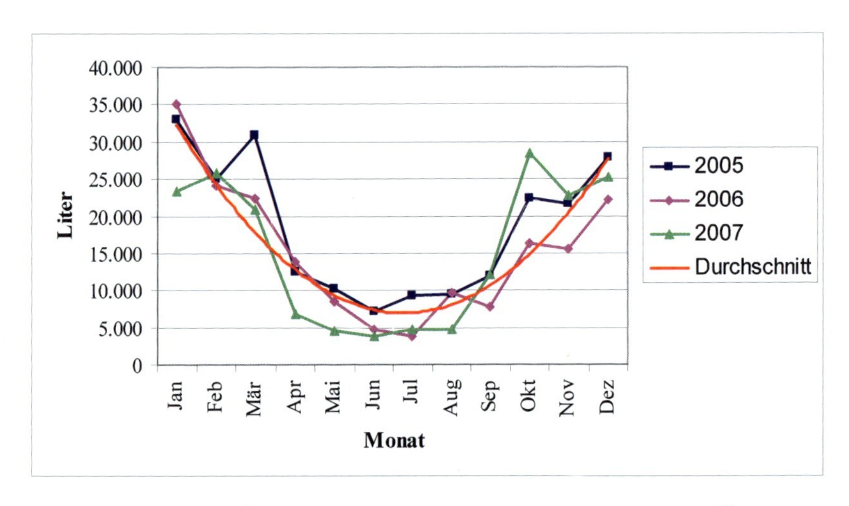

Abbildung 25: Ölverbrauch Wohnanlage Hinterfeldweg in Liter pro Monat[100]

Die starken saisonalen Schwankungen sind wie bereits erwähnt, nicht nur auf die unterschiedlichen Temperaturschwankungen der Jahreszeiten zurück zu führen, sonder auch auf die stark schwankende Anwesenheit der Eigentümer bzw. deren Mieter. Der höchste Ölverbrauch der letzen 3 Jahre wurde mit ca. 35.000l Heizöl Extra leicht im Jänner 2006 erreicht. Der geringste Ölmenge wurde mit 3.740l Heizöl Extra leicht im Juli 2006 verbraucht.

Da fünf der sieben Gebäude dieser Wohnanlage eine eigene Zentralheizung besitzen, fallen bei diesen Gebäude Kosten für den Kaminkehrer, für die Tankreinigung, für den Brenner bzw. Kesselservice an. Diese Kosten können bei der Verwirklichung einer gemeinsamen Heizanlage für die gesamte Wohnanlage verringert werden. Zusätzlich steht durch den Wegfall der Heizanlage in den Häusern zusätzlicher Raum für z.B. Kellerabteile oder Skikeller zur Verfügung.

8.2 Ermittlung der Heizlast

Um die Entscheidung für eine regenerative Energiequelle zur Erzeugung von Warmwasser bzw. für die Heizung treffen zu können, muss zuerst die erforderliche Leistung zur Heiz- bzw. Warmwassergewinnung ermittelt werden. Wie in Tabelle 5 deutlich zu erkennen ist, schwankt

[100] Quelle: siehe Anhang A12: Heizölverbrauch Wohnanlage Hinterfeldweg 2005 – 2007 in Liter

[100] Eigene Darstellung

die benötigte Leistung im Jahresmittel stark. Zur Ermittlung der Heizlast wird die Leistung der derzeitigen Brennstoffkessel addiert. Diese setzt sich wie in Tabelle 5 ersichtlich ist, wie folgt zusammen:

Hinterfeldweg 291	Hinterfeldweg 224	Hinterfeldweg 253 / 254	Hinterfeldweg 261	Hinterfeldweg 283 / 284	**Gesamt Hinterfeldweg**
210	200	150	200	170	**910**

Tabelle 5: Kesselleistung in kW Wohnanlage Hinterfeldweg[101]

Insgesamt erbringen alle Heizkessel der Häuser zusammen eine Leistung von ca. 900 kW. Ob diese Leistung eine neue Heizungsanlage ebenfalls erbringen muss ist fragwürdig, da diese Spitzenleistung nicht das ganze Jahr hindurch benötigt wird. Abbildung 26 zeigt den durchschnittlichen Heizölverbrauch der Jahre 2005 – 2007, absteigend sortiert nach dem höchsten Monatsverbrauch.

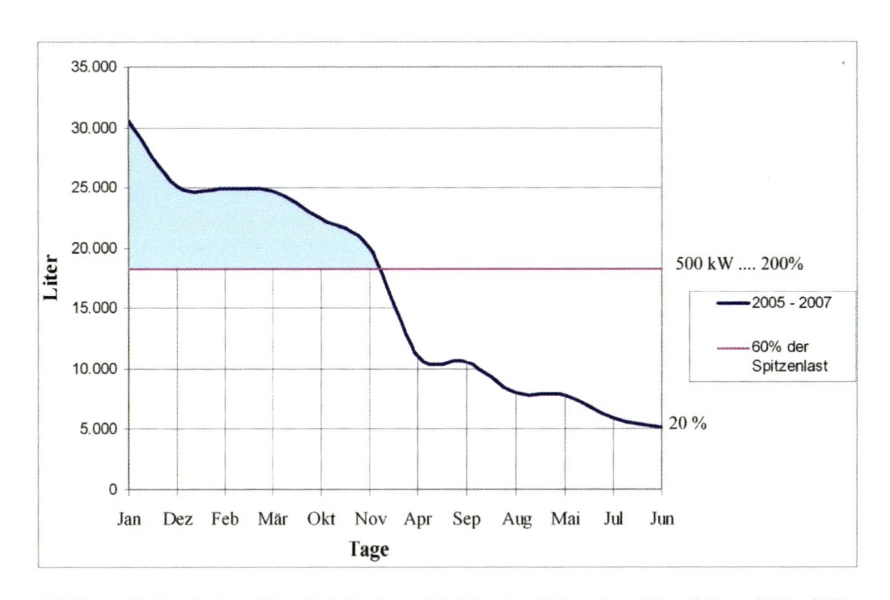

Abbildung 26: Durchschnittlicher Heizölverbrauch in Liter der Wohnanlage Hinterfeldweg 2005 – 2007, absteigend nach Monaten sortiert[102]

---

[101] Quelle: Daten durch Ablesen der Heizkessel vor Ort ermittelt.
[101] Eigene Darstellung
[102] Quelle: siehe Anhang A12: Heizölverbrauch Wohnanlage Hinterfeldweg 2005 -2007 in Liter
[102] Eigene Darstellung

In Abbildung 26 ist deutlich zu erkennen, dass vor allem in den Monaten Jänner – März der höchste Verbrauch auftritt. In den anderen Monaten liegt der Verbrauch deutlich darunter. Die Literatur beschreibt, dass selbst zum Zeitpunkt der Spitzenlast im Wohnungsbereich die effektive Wärmehöchstlast nur etwa 60% des Abnehmeranschlusswertes[103] erreicht. Dementsprechend ist es nicht zweckmäßig, eine neue Heizung so zu dimensionieren, dass diese auf die 4-monatige Spitzenlast ausgelegt ist. Dies würde bedeuten, dass die Heizanlage ¾ des Jahres weit überdimensioniert ist und somit auch nicht im optimalen Wirkungsbereich arbeiten kann.

Für die Umsetzung bei der Wohnanlage Hinterfeldweg würde dies bedeuten, dass eine zukünftige Heizanlage nur ca. 500 kW Heizleistung als Dauerleistung aufbringen muss. Zur Abdeckung von Spitzenlasten ist es allerdings erforderlich, eine zusätzliche Heizmöglichkeit zu bieten.

Wie bereits erwähnt, besitzen fünf der sieben Gebäude eine eigene Zentralheizung. Lediglich die Häuser Nr. 273/274 und die Gebäude Nr. 283/284 werden durch jeweils eine gemeinsame Zentralheizung versorgt. In Abbildung 27 ist die Ist- Situation der Energiebereitstellung (EB) der Wohnanlage Hinterfeldweg dargestellt.

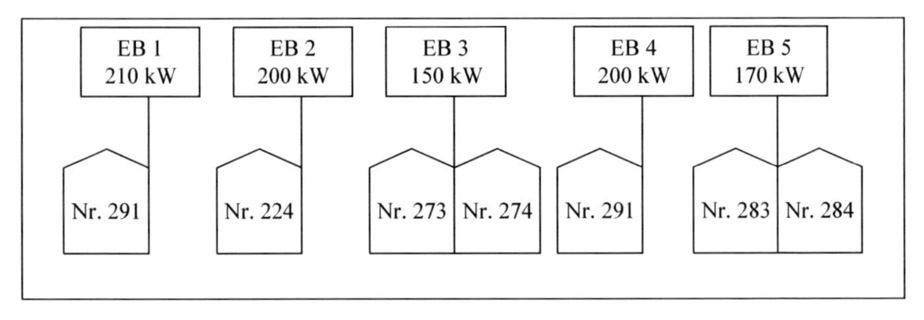

Abbildung 27: Schematische Darstellung derzeitige Energiebereitstellung Wohnanlage Hinterfeldweg[104]

[103] Vgl. Recknagel / Sprenger / Schramek, 2007, S. 659
[104] Eigene Darstellung

8.3 Standort der neuen Heizanlage

Im nächsten Schritt wird untersucht, wie eine gemeinsame Heizanlage für die Wohnanlage Hinterfeldweg umgesetzt werden kann. Dabei ist grundlegend die Frage zu klären, ob diese Heizanlage als eigenständiges Gebäude ausgeführt werden muss, oder ob auch die Möglichkeit besteht, diese Anlage in ein bereits bestehendes Objekt zu integrieren.

- neues Gebäude: hier ergibt sich das Problem, dass aufgrund der Nutzung als Zweitwohnsitz vor allem im Winter sämtliche Flächen der Wohnanlage als Parkfläche verwendet werden bzw. die wenigen vorhanden Grünflächen zwischen den Gebäuden als Schneelagerplatz verwendet werden müssen. Ein großer Parkplatz mit ca. 50 Parkplätzen kann ebenfalls nicht als Standort heran gezogen werden, da dies 50 Privat – Parkplätze sind, die auch dementsprechend 50 Eigentümern im alleinigen Privatbesitz gehören.
- bestehendes Objekt: wie bereits erwähnt, besteht die Wohnanlage aus 7 Mehrfamilienhäusern, wobei sich in nur 5 Gebäuden ein Heizungsraum befindet, da die Häuser Hinterfeldweg 254 bzw. Hinterfeldweg 284 über Nahwärme von den jeweiligen Nachbarhäusern (Hausnummer 253 bzw. 283) versorgt werden. Den größten Heizöltank besitzt die Wohnanlage Hinterfeldweg 224 mit 29.500l Inhalt. Dies ist auch die einzige Anlage, bei der sich der Heizöltank außerhalb des Gebäudes befindet und mit geringem Aufwand noch vergrößert werden könnte. Der bisherige Heizraum befindet sich in unmittelbarer Nähe zum Öltank, daher wäre der Einbau einer Förderschnecke für z.B Pellets möglich. Zusätzlich wurde im Jahr 2006 ein Gasanschluss im Heizraum installiert, auf den zurück gegriffen werden könnte. Ein Kamin mit zwei Strängen ist vorhanden. Aufgrund der Größe des vorhandenen Heizraumes, ist die Unterbringung mehrerer Kessel möglich. Daher bietet sich diese Objekt als idealer Standort für die neue Heizanlage an. Über eine Nahwärmeleitung können die anderen Gebäude angeschlossen und mit Energie versorgt werden.

8.4 Mögliche Ersatz-Energiequellen

Im Folgenden wird nun betrachtet, welche regional alternativen Energiequellen für den Einsatz in der Wohnanlage Hinterfeldweg geeignet sind:

- Windkraft: nicht geeignet, da keine Aufstellungsmöglichkeit für ein Windrad vorhanden ist, bzw. in einer Ferienwohnsiedlung die Eigentümer durch die Geräuschkulisse gestört werden. Zumal ist eine dauerhafte Ausnutzung der Windkraft im Pinzgau nicht möglich[105], da keine kontinuierliche Windgeschwindigkeit vorhanden ist.
- hydrothermale Erdwärmenutzung: aufgrund der fehlenden thermischen Untergrundschichten ist die Nutzung von heißem Wasser aus dem Erdinnern im Pinzgau nicht möglich.
- Strom aus Photovoltaik-Anlagen: vor allem in den Wintermonaten ist die Strahlenleistung der Sonne am geringsten[106], im Pinzgau liegt diese zwischen 650 und 750 kWh /(m²a). Im Schnitt wurden in der Wohnanlage Hinterfeldweg im den letzten 3 Jahren pro Jahr ca. 200.000l Heizöl verbraucht, umgerechnet ergibt dies einen Wert von 2 MWh. Somit müssten ca. 20.000 m² Solarzellen[107] (auf Süd- Ostflächen) verlegt werden. Dies ist allein schon aufgrund der vorhandenen Dachflächen unmöglich. Zusätzlich liegt in Hinterglemm von ca. Mitte November bis Mitte März auf den Dächern Schnee, der regelmäßig entfernt werden müsste. Aufgrund der unterschiedlichen Strahlungsintensität (sehr gering im Winter) ist nur die Einspeisung der gewonnen Energie in das öffentliche Stromnetz möglich, um jahreszeitliche Schwankungen auszugleichen. Die Kosten für ein Solarmodul mit ca. 10 m² Größe liegen zwischen € 6.000 und € 8.000 (incl. Wechselrichter, Montage, Verkabelung, Planung und Installation)[108]. Umgerechnet würden Anschaffungskosten in der Höhe von 12 Millionen und 16 Millionen Euro liegen.
- Solarthermische Wärmenutzung: eine alleinige Warmwasser bzw. Heizungsversorgung durch solarthermische Wärmenutzung ist nicht möglich, da auch hier dieselben Bedingungen vorliegen, wie bei der Stromerzeugung aus Photovoltaik-Anlagen. Die Energie ist dann nicht vorhanden, wenn sie am meisten benötigt wird, nämlich im

---

105 Vgl. dazu auch Kapitel 5.7.1 Verfügbarkeit Windkraft

106 Vgl. dazu auch Kapitel 5.6.1Verfügbarkeit Strom aus Photovoltaik-Anlagen

107 Die ermittelten Werte (grobe Abschätzung) beziehen sich auf eine durschnittliche Systemleistung und ein langjähriges klimatisches Mittel

108 URL: http://www.solaranlagen-portal.de/photovoltaik-solaranlagen/foerderung-kosten/kosten/kosten-solaranlage-1.htm

Winter. Aufgrund der Nutzung der Wohnanlagen als Zweitwohnsitz (dies vor allem im Winter) besteht im Sommer kaum Bedarf an Warmwasser und Heizung. Andererseits könnte alleine in den Sommermonaten von Mitte Mai bis Mitte September rund 35.000L Heizöl eingespart werden, was einem CO_2 Ausstoß[109] von rund 92 Tonnen entspricht. Zur Abdeckung dieses Energieverbrauches sind ca. 1500m² Sonnenkollektoren[110] (Flächenkollektor) nötig. Die Kosten für eine solche Anlage betragen zwischen € 225.000 und € 350.000. Bei den derzeitigen Ölpreisen[111] würde sich diese Anlage in rund 6 – 10 Jahren amortisiert haben. Diese Rechnung gilt allerdings nur unter Betrachtung der reinen Warmwassergewinnung im Sommer. Nicht betrachtet wurde, dass auch im Frühjahr und im Herbst durchaus solare Energie gewonnen werden kann, die zumindest dazu betragen kann, die Vorlauftemperatur des Wassers für die Heizung bzw. für die Warmwassergewinnung zu erhöhen.

- Strom aus Wasserkraft: diese Energieform könnte ohne größer Baumaßnahmen eingesetzt werden. Dafür müssten nur die derzeitigen Warmwasserspeicher mit Elektro – Heizstäben ausgestattet werden bzw. müsste eventuell in jedem Gebäude der Wohnanlage ein Energiespeicher eingebaut werden, um das Wasser in der Nacht (billiger Stromtarif) zu erwärmen. Die Kosten dafür belaufen sich auf ca. 60.000,- Euro für die gesamte Wohnanlage. Ansonsten kann die auch bisher in den Gebäuden vorhandene Leitungsstruktur für Warmwasser und Heizung beibehalten werden. Die Stromkosten für die gesamte Wohnanlage Hinterfeldweg für Heizung und Warmwasser würden im Jahr rund € 140.000,- bis € 180.000,- betragen[112].

- Biomasse: wie bereits im Kapitel 5.1 beschrieben, ist Biomasse sehr gut lagerfähig und damit auch vor Ort ohne größere Verluste gut zu speichern. Biomasse kann sowohl in Form von Hackschnitzel, als auch als Pellets eingesetzt werden. Aufgrund der höheren Energiedichte von Holzpellets, ist der Einsatz dieser Energieträger sinnvoller (geringerer Platzaufwand[113]).

---

[109] Durch die Verbrennung von einem Liter Öl entsteht rund 2.64 KG CO_2

[110] Überschlägige Rechnung: pro Person (ca. 50 Liter Warmwasser am Tag) werden rund 1.5m² Flächenkollektor benötigt.

[111] Preis 1 Liter Heizöl Extra leicht (bestellte Menge ca. 10.000 Liter) am 12.06.08: € 0,08

[112] Werte errechnet mit 0,07 Euro bzw. 0,09 Euro pro Kilowattstunde lt. Tarifangaben der Salzburg AG

[113] Vgl. dazu auch Tabelle 1: Energiedichte von Brennstoffen

In Abbildung 28 sind der mögliche Leitungsverlauf für eine Nahwärmeversorgung der Häuser und die derzeitige Lage der Tank- und Heizräume dargestellt.

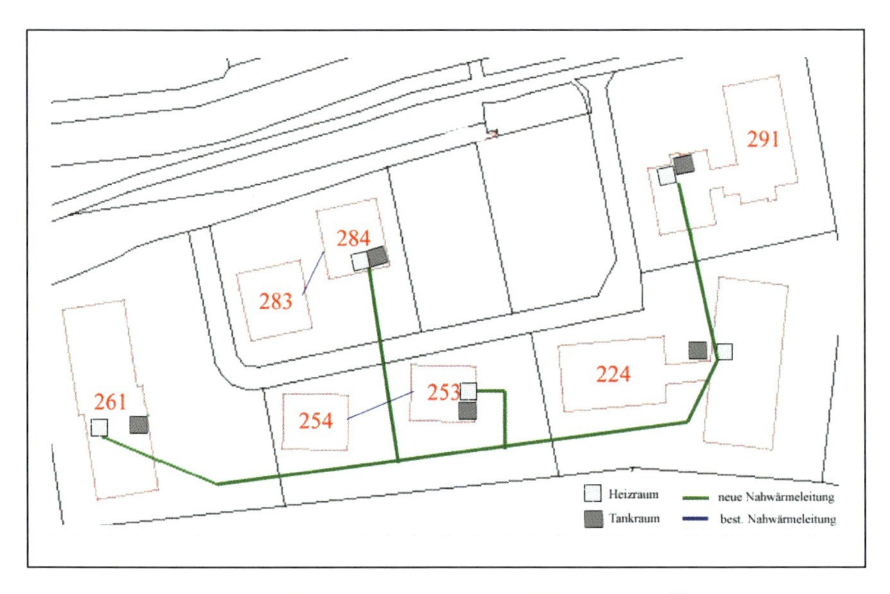

Abbildung 28: Möglicher Leitungsverlauf Nahwärmeleitung[114]

Wie bereits in Kapitel 8.3 erläutert, bietet sich als Standort für eine gemeinsame Heizungsanlage das Gebäude Hinterfeldweg 224 an. Die anderen Gebäude können mittels einer Nahwärmeleitung (im Bild grün) versorgt werden. Die Häuser 283 und 254 sind bereits an die Nachbarhäuser mittels Nahwärmeleitung angeschlossen (blau eingezeichnet) und müssen daher nicht extra angeschlossen werden. Somit ergibt sich eine Leitungslänge von rund 300m, was Kosten in der Höhe von ca. € 60.000,- für die Grabungsarbeiten und die Verlegung der Nahwärmeleitung ergibt.

Wie in Abbildung 28 ersichtlich, besteht die Möglichkeit den bestehenden Öltank für die Lagerung von Pellets zu verwenden. Dazu muss allerdings vorher der Stahltank gereinigt und herausgeschnitten werden, danach steht der betonierte Erdlageraum zur Verfügung (ca. 40m³). In diesem Lagerraum kann danach eine Förderschnecke eingebaut werden, welche direkt in

[114] Quelle: Grafik modifiziert übernommen aus URL: http://www.salzburg.gv.at/landkarten.htm [12.06.08]

den Heizungsraum führt (ca. 6m). Somit sind alle Voraussetzungen für eine Beheizung mittels einer Pelletsanlage geschaffen.

Allerdings ist die geforderte Leistung von rund 500 kW von einem Pelletskessel nicht zu erbringen. Es müssten daher mindestens 2 Kessel parallel geschalten werden, um die erforderliche Leistung zu liefern. Der Vorteil einer Parallelschaltung liegt auch darin, dass z.B. in den Sommermonaten (nur ca. 20% Leistung erforderlich) die Anlage mit einem Kessel betrieben werden kann. Zur Spitzenlastabdeckung wird anstelle des bereits vorhandenen Ölbrenners bei einem Kessel ein Gasbrenner eingebaut. Die Kosten für die beiden Kessel und den Gasbrenner betragen ca. € 140.000 inkl. Montage.

Die neu geplante Energiebereitstellung für die Wohnanlage Hinterfeldweg wird in Abbildung 29 schematisch dargestellt.

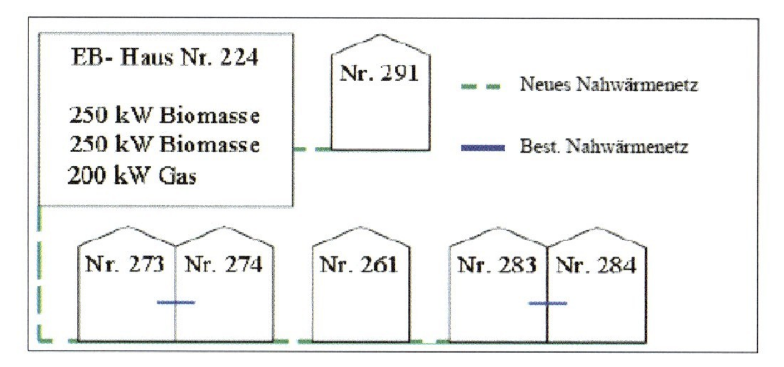

Abbildung 29: Schematische Darstellung neue Energiebereitstellung Wohnanlage Hinterfeldweg[115]

Das Gebäude Hinterfeldweg 291 wird über eine eigene Nahwärmeleitung versorgt, da dies Aufgrund der Gegebenheiten vor Ort (Lage der Objekte) effizienter ist.

Wie bereits erwähnt, kann durch die Parallelschaltung der Kessel erreicht werden, dass nicht alle drei Kessel ständig in Betrieb sein müssen. Dies zeigt auch Abbildung 30.

---

[115] Eigene Darstellung

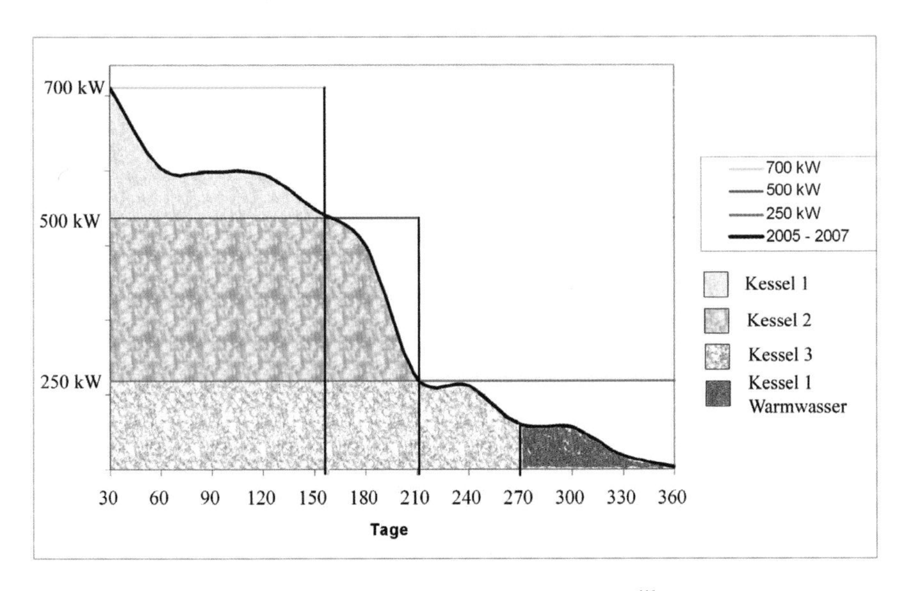

Abbildung 30: Betriebdauer der drei Kesselanlagen[116]

Die Grundlast von 250 kW wird mit Biomasse- Kessel eins abgedeckt. Dieser ist somit das ganze Jahr in Betrieb, wobei der Kessel rund 90 Tage nur für die Warmwassergewinnung im Sommer benötigt wird. Biomasse- Kessel zwei ist 210 Tage im Jahr in Betrieb, d.h. er ist etwa zur Hälfte ausgelastet. Als Spitzenlastkessel (Kessel drei) wird ein bereits vorhandener Kessel, welcher derzeit mit einem Ölbrenner versehen ist, mit einem Gasbrenner ausgestattet. Dieser ist rein für die Abdeckung der Spitzenlast zuständig und ist rund 150 Tage im Jahr zeitweise im Betrieb.

Um die Anlage möglichst wirtschaftlich zu betreiben, sollte in jedem Haus ein eigenständiger Energiespeicher (Wasserspeicher) eingebaut werden. Mittels Wärmetauscher wird das Warmwasser gewonnen, d.h. es ist nicht nötig den Speicher über 60° C zu erhitzen (Legionellengefahr). Somit kann der Energiespeicher sowohl zum Heizen als auch zur Gewinnung von Warmwasser verwendet werden. Für die dezentrale Energiespeicherung in den Häusern ist mit Kosten in der Höhe ca. € 30.000,- zu rechnen.

Das nächste Problem stellt die Größe des Lagerraums dar. Wie bereits erwähnt, stehen rund 40m³ zur Verfügung. Pellets haben eine Energiedichte von 4.9 kWh/kg und ein Lagervolumen

---

[116] Eigene Darstellung

von rund 650 kg/m³. Dementsprechend können im vorhandenen Lagerraum ca. 26 Tonnen Pellets gespeichert werden, was in etwa 12.500 Liter Heizöl entspricht. Zu den Spitzenzeiten werden bisher zwischen 18 und 30.000 Liter Heizöl im Monat verbraucht.

Auch wenn die Spitzenlast z.B. durch einen zusätzlichen Gasbrenner abgedeckt wird, reicht der Pelletsvorrat keinen Monat lang und der Lagerraum müsste teilweise 2-mal im Monat aufgefüllt werden. Daher sollte der bestehende Lagerraum erweitert bzw. ein größerer Lagerraum errichtet werden. Die Kosten für z.B. einen Lagerraum mit 100m³ Füllmenge belaufen sich auf rund € 55.000,- inkl. Abdichtung.

Aufgrund der Größe dieses Tankes kann nicht ohne Probleme mit der normalen Förderschnecke gearbeitet werden. Daher muss ein Schubstangensystem eingebaut werden, welches stetig das Material zur Förderschnecke befördert. In einem 100m³ großen Tankraum könnten so viele Pellets gespeichert werden, um über 1 Monat ohne Nachtanken (umgerechnet ca. 31.000 Liter Heizöl) auskommen zu können.

Bei dem derzeitigen Pellets - Preis von ca. € 150,- pro Tonne [117] würde im Jahr (Gesamtverbrauch ca. 410 Tonnen) Rohstoffkosten in der Höhe von rund € 61.000,- entstehen. Die Zulieferung durch den Tankwagen ist möglich, da sich der Tankraum unmittelbar neben der Straße befindet. Für den Stromverbrauch der Anlage wird mit rund 6.000,- Euro pro Jahr gerechnet.

Die Gesamtkosten für eine gemeinschaftliche Pelletsanlage belaufen sich daher auf ca. € 275.000,-.

- Umgebungswärme: die Nutzung der Umgebungswärme (Erdwärme) ist sicherlich im Bereich von Mehrfamilienwohnhäusern noch eher unüblich, aber schon erprobt. Durch die Kaskadenschaltung ist es möglich, auch größere Leistungen (über 400 kW) mit Wärmepumpen zu erzielen. Für die Wohnanlage Hinterfeldweg ist der Einsatz einer Wärmepumpe für jedes Haus zweckmäßiger. D.h. es werden Pumpen mit einer Leistung von ca. 150 – 200 kWh benötigt. Aufgrund des großen Flächebedarfes kommen Flächenkollektoren nur bei vergleichsweise geringen Leistungen (ca. 20kW) zum Einsatz. Im Vergleich dazu werden Erdsonden mit Solekreislauf für größere Leistungsbereiche eingesetzt. Erdsonden können (entsprechend des Bodenaufbaues) zwischen

[117] Preis lt. Angaben Firma Schößwendter (Pellets – Hersteller in Saalfelden) am 19.06.2008 für eine Liefermenge von 60 Tonnen

20 und 100W pro Meter Bohrung liefern[118]. Bei einer geforderten Leistung von 150 kW müssten lt. Herstellerauskunft ca. 1.000m - Erdsonden gebohrt werden (oder z.B. 10 x 100m) Die Investitionskosten liegen lt. Neubarth / Kaltschmitt zwischen 270,- Euro und 980,- Euro/kW. Da sich vor allem die Bohrung der Erdsonden (ca. € 40 - 50 / m[119]) besonders niederschlägt, ist mit Kosten von rund 80,- bis 100.000,- Euro für die gesamte Anlage zu rechnen. Insgesamt werden für den Betrieb einer solchen Anlage rund 18.000,- Euro pro Jahr anfallen[120].

Umgelegt auf die gesamte Wohnanlage Hinterfeldweg sind daher mit Investitionskosten von rund 600.000,- Euro zu rechnen, für den Betrieb der Anlagen rund 100.000,- Euro pro Jahr (Stromkosten, Service, etc).

- Brennstoffzelle: die Anwendung von Brennstoffzellen ist derzeit noch an Gas als primären Energielieferanten gebunden, da kein Wasserstofftank eingebaut werden kann. Daher kommt die Brennstoffzelle nicht als Alternative in Frage, da es keine Möglichkeit gibt z.B. auf Biogas zurück zugreifen.

In Abbildung 31 werden zusammenfassend noch einmal die Investitions- und jährliche Kosten der drei für die Wohnanlage Hinterfeldweg einsetzbaren Energieträger (Biomasse, Wasserkraft und Umgebungsenergie) dargestellt.

---

[118] Vgl. Neubarth / Kaltschmitt / Faninger in: Neubarth / Kaltschmitt (Hrsg.), 2000, S. 197
[119] URL http://www.klimaaktiv.at/article/articleview/48615/1/14288 [14.06.08]
[120] Daten berechnet mit Software Terra – OPT

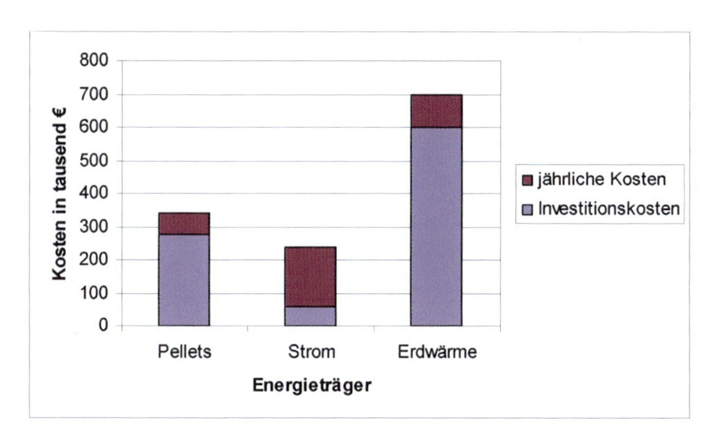

Abbildung 31: Investitions- und jährliche Kosten der drei einsetzbaren Energieträger[121]

8.5 Investitionsrechnung

Perridon / Steiner beschreiben ein Investition als zielgerichteten Einsatz finanzieller Mittel zur Beschaffung von Gütern des Strukturvermögens.[122] Investitionen beeinflussen das Betriebsgeschehen nachhaltig, da diese nicht ohne große Schwierigkeiten oder Verluste wieder rückgängig gemacht werden können bzw. das Kapital langfristig gebunden ist.

Aber nicht nur in Betrieben wird durch große Investitionen das Betriebsgeschehen beeinflusst. Auch für Eigentümergemeinschaften stellt ein Austausch der Heizungsanlage eine große Investition dar. Eine Entscheidung ob auf alternative Energieträger gewechselt werden soll, wird oft nicht durch den Umweltgedanken getroffen, sondern vor allem aus finanziellen Gründen. Daher ist auch die Amortisationsrechnung, auch wenn sie nur überschlägig ist, für eine Entscheidung sehr wichtig.

Dabei spielt in dieser Rechnung vor allem der Ölpreis eine wichtige Rolle. Hier kommt die große Unbekannte in die Gleichung, da der Ölpreis in den Jahren starken Schwankungen unterworfen war und eine realistische Preisabschätzung für die nächsten Jahre kaum möglich ist. Dies ist in Abbildung 32 deutlich zu erkennen. Hier wird die Entwicklung der Energiepreise von Heizöl Extra leicht, Pellets und Gas dargestellt.

---

[121] Eigene Darstellung
[122] Vgl. Perridon / Steiner, 2004, S. 29

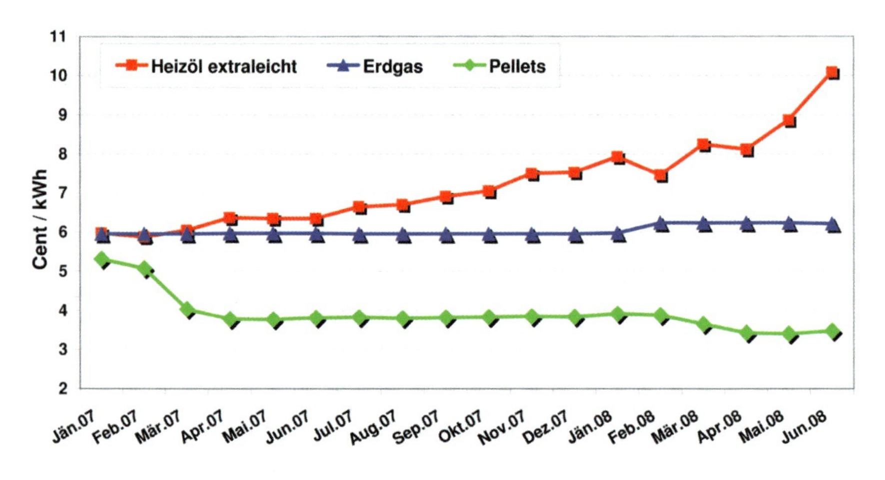

Abbildung 32: Entwicklung Energieträgerkosten in Österreich[123]

Seit Jahresbeginn 2007 ist der Ölpreis bis auf kleinere Abweichungen stetig gestiegen. Die Entwicklung des Ölpreises ist nicht nur von der vorhandenen Fördermenge bzw. der Nachfrage abhängig, sondern unterliegt auch noch anderen preisbestimmenden Faktoren wie z.B. Spekulationen an den Börsen, steuerlichen Änderungen oder auch der weltpolitische Lage. Im Vergleich dazu ist der Gaspreis annähernd konstant geblieben. Die Preise für Pellets sind im Gegensatz dazu sogar leicht gesunken.

8.6 Amortisationszeit

Die Amortisationsrechnung (Pay-off-Methode) ermittelt den Zeitraum, in dem das investierte Kapital über die Erlöse (Einsparungen) wieder in das Unternehmen zurück fließt. Zur Ermittlung der Amortisationszeit werden nur jene Energieträger verglichen, die in der Wohnanlage Hinterfeldweg auch tatsächlich zum Einsatz kommen können. In Abbildung 33 wird die Amortisationszeit der Pelletsanlage im Vergleich zu Heizöl dargestellt.

---

[123] Quelle: URL: http://www.propellets.at/images/content/pdfs/200806_entwicklung_energietraegerkosten.pdf [20.06.08]

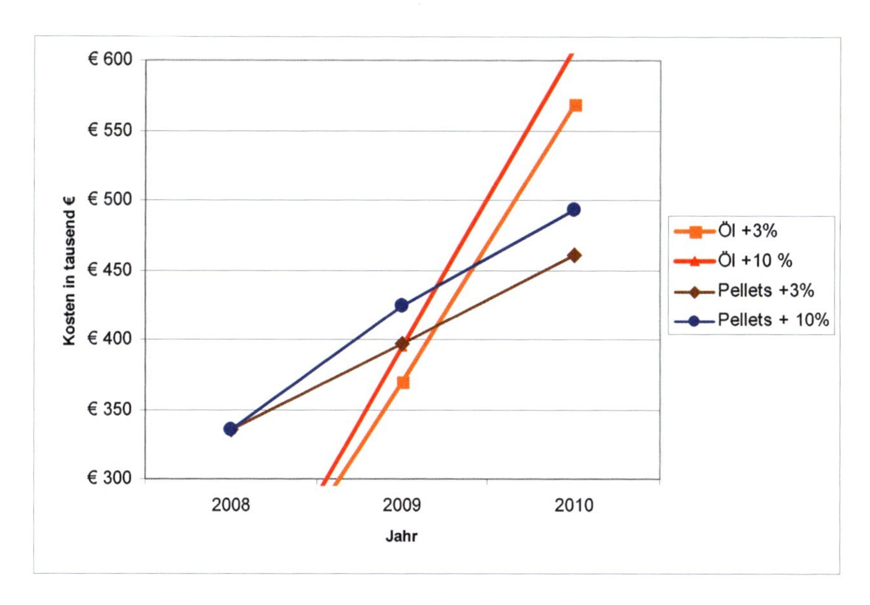

Abbildung 33: Amortisationszeit der Pelletsanlage im Vergleich mit Heizöl[124]

Die Amortisation der Pelletsanlage tritt je nachdem, in welcher Höhe die Energiepreise weiter steigen werden, in 2 – 3 Jahren ein. Dies ist vor allem darauf zurück zu führen, dass der Ölpreis derzeit sehr hoch ist. Bei einem geringen Preis (z.B. 0,60 Euro / Liter) verschiebt sich die Amortisation entsprechend nach hinten.

Die Umstellung auf Strom verursacht sehr geringe Investitionskosten und somit tritt die Amortisation (abhängig der jeweiligen Preissteigerung) bereits nach 1 bis 2 Jahren ein[125].

Durch die hohen Investitionskosten für die Tiefenbohrung bzw. die Wärmepumpen amortisiert sich der Einsatz von Umgebungswärme als alternative Energiequelle erst nach 5 – 10 Jahren, wie in Abbildung 34 ersichtlich ist.

---

[124] Quelle: siehe Anhang A14: Amortisation Pelletsheizung

[124] Eigene Darstellung

[125] siehe Anhang A16: Amortisation Stromheizung

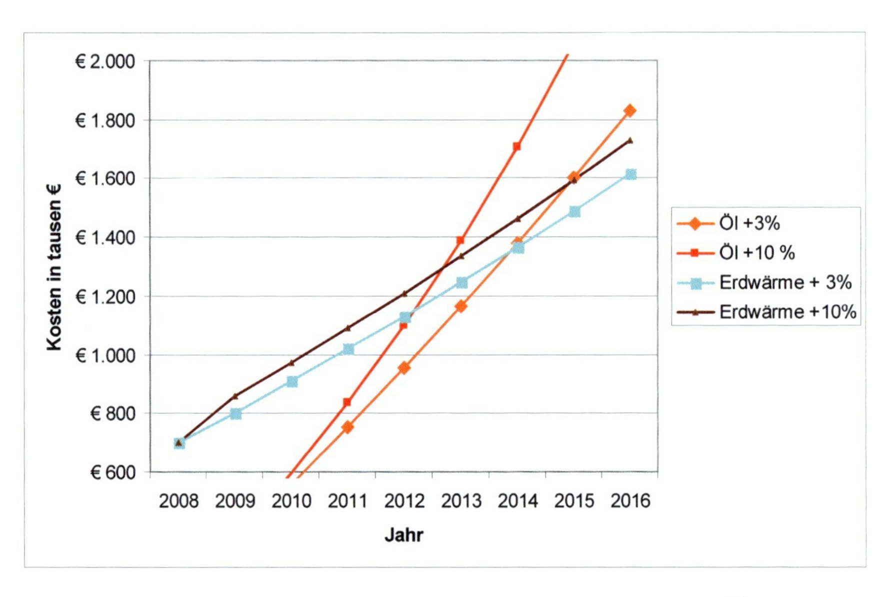

Abbildung 34: Amortisationszeit Nutzung Erdwärme im Vergleich mit Heizöl[126]

Zusammenfassend gesehen ist aufgrund des derzeit sehr hohen Ölpreises eine Amortisation aller einsetzbaren regenerativen Energiequellen in kurzer Zeit (2 – 10 Jahre) möglich.

8.7 CO_2 Einsparung

Durch den Einsatz von regenerativen Energieträgern können für die Wohnanlage Hinterfeldeweg im Jahr 528.000 kg CO_2 eingespart werden. Seit dem Kyoto-Protokoll haben sich die teilnehmenden Länder verpflichtet, den CO_2 Ausstoß stark zu verringern (Österreich z.B. um 13%). Vor allem Industrieländer nützen die Möglichkeit, sich bei Dritte-Welt-Länder CO_2 Zertifikate zu kaufen, um den Ausstoß nicht verringern zu müssen. Diese Möglichkeit haben auch Industrieunternehmen. Können diese die Auflagen nicht erfüllen, können Zertifikate nachgekauft werden. Dabei müssen pro Tonne CO_2 derzeit rund 13,- Euro bezahlt werden. Müsste für den CO_2 Ausstoß der Wohnanlage Hinterfeldweg bezahlt werden, würde dies im Jahr rund 7.000,- Euro kosten.[127]

---

[126] Quelle: siehe Anhang A 17: Amortisation Erdwärme

[126] Eigene Darstellung

[127] URL: http://science.orf.at/science/news/103717 [20.06.2008]

8.8 Zusätzliche Nutzen durch den Wegfall der Brennstoffkessel

Durch den Wegfall der Heizungsanlagen in 4 der 7 Häuser können die vorhandenen Heizungsräume bzw. Tanklagerräume anderen Nutzungen zugeführt werden. Dies ist aufgrund des Wohnungseigentumsgesetzes nicht einfach möglich, da z.B. für den Verkauf der Räumlichkeiten die Einstimmigkeit aller Eigentümer vorhanden sein muss. Zusätzlich muss auch der Parifizierungsschlüssel der gesamten Wohnanlage geändert werden.

Da vor allem bei größeren Wohnanlagen mit vielen Eigentümern die Zustimmung aller Eigentümer oft schwierig bzw. fast unmöglich ist, ist es sinnvoller, die frei werdenden Räumlichkeiten zu vermieten. Aufgrund der Lage (im Keller) eignen sich die Räume vor allem als Kellerabteil oder z.B. als Fitnessraum. Pro m² kann mit 2 Euro bis 2,10 Euro an Mieteinnahmen gerechnet werden. Als Ansatz zur Berechnung wird der Barwert einer ewigen vorschüssigen Rente genommen. Die Formel für die Berechnung lautet[128]:

$$K_0 = \frac{r*(1+i)}{i}$$

r....... Rate

i........ Zinssatz

Für eine 20m² große Fläche, mit einem monatlichen Mietpreis von 2,- Euro / m² und einem Zinssatz von 4% kann somit mit einem Barwert in der Höhe von 12.480,- Euro gerechnet werden.

In Tabelle 6 werden die Flächen der Tank- und Heizräume der jeweiligen Gebäude aufgelistet und der bei einer Vermietung erzielbare Barwert berechnet.

	Heizraum[m²]	Tankraum [m²]	Gesamt Gebäude [m²]	Barwert
Hinterfeldweg 291	22	21	43	26.607 €
Hinterfeldweg 273/274	14	24	38	23.737 €
Hinterfeldweg 261	63	23	86	53.352 €
Hinterfeldweg 283/284	14	24	38	23.737 €
		Gesamt	**204**	**127.433 €**

Tabelle 6: Barwertberechnung der möglichen Mieteinnahmen aus der Vermietung der freien Flächen[129]

[128] Vgl. Peridon / Steiner, 2004, S. 59 ff.

[129] Eigene Darstellung

[129] Flächen der Heiz- bzw. Lagerräume wurden aus bestehenden Planmaterial ermittelt

Die Häuser wurden zwischen 1964 und 1974 errichtet. Damals war das Thema Wohnraumlüftung noch völlig unbekannt. Die Wohnungen verfügen über Dunstabzugshauben bzw. Badezimmerlüfter. Durch den Wegfall der Brennstoffkessel in den Häusern ist der Kamin ohne weitere Verwendung. Daher könnte dieser z.B. als Abluftschacht für eine nachträglich installiere Wohnraumlüftung verwendet werden.

Derzeit bekommen die Hausmeister der Wohnanlage eine Vergütung für die Betreuung der Heizanlagen. Diese setzt sich aufgrund der Tarifbestimmungen des Hausmeistergesetzes zusammen. Durch den Wegfall der Heizanlagen in den Gebäuden, könnten theoretisch somit auch diese Kosten eingespart werden. Allerdings ist dies in der Praxis nicht einfach umsetzbar, da die derzeitigen Hausmeister auf einen Teil ihres Lohnes verzichten müssten. Aber für neu angestellte Hausbesorger müsste die Position Heizungsbetreuung nicht mehr zusätzlich vergütet werden.

9 ERGEBNIS

Die Gemeinden des Pinzgaues liegen zwischen 500 und 1.100 m Seehöhe, was sich im Vergleich zu niedrig gelegenen Gemeinden auch auf die Heizgradtage auswirkt. So hat z.B. die Stadt Salzburg rund 1000 Heizgradtage weniger als die Gemeinde Saalfelden. Die solare Einstrahlung liegt im Pinzgau zwischen 650 bis 750 W/m²a und somit deutlich unter dem Durchschnittswert von Österreich, der bei etwa 1.100 W/m²a liegt. Diese grundlegenden Informationen über den Pinzgau sind auch für die Auswertung der vorhandenen regenerativen Energiequellen von Bedeutung. Hierbei wurde die Gewichtung in dieser Studie vor allem auf jene Energieträger gelegt, die im Pinzgau auch zum Einsatz kommen können:

- Biomasse: Im Pinzgau stehen derzeit jährlich rund 276.000 Schüttraummeter zur Energiegewinnung zur Verfügung, was rund 27 Millionen Liter Öl entspricht. Von diesen zur Verfügung stehenden Ressourcen wird ca. 1/3 bereits durch Hackschnitzelwerke in den Gemeinden genutzt. Derzeit werden nur rund 68% der nachwachsenden Biomasse im Pinzgau genutzt. Durch eine optimierte Nutzung könnten zusätzlich noch 97.000 Schüttraummeter gewonnen werden. Die Umwandlung von Biomasse in Nutzenergie erfolgt in den meisten Fällen durch Verbrennung dieser. Hierbei kommen vor allem Pelletskessel, Hackschnitzelkessel oder Stückholzkessel zum Einsatz. Auch Blockheizkraftwerke können mit Biomasse befeuert werden.
- Stromerzeugung aus Wasserkraft: durch die geologischen Gegebenheiten im Pinzgau ist die Erzeugung von Strom aus Wasserkraft möglich. Das vorhandene Abflusspotential im gesamten Bundesland Salzburg beträgt ca. 5.000 GWh / Jahr. Im Pinzgau werden derzeit vor allem Speicherkraftwerke bzw. Pumpspeicherkraftwerke (z.B. in Kaprun) zur Energieerzeugung eingesetzt.
- Hydrothermale Erdwärmenutzung: kann aufgrund der geologischen Gegebenheiten im Pinzgau nicht eingesetzt werden.
- Nutzung von Umgebungswärme: hier spielt vor allem die oberste Erdschicht eine Rolle, die von Sonnenstrahlung und dem Grundwasser beeinflusst wird. Mittels Erdsonden (horizontal oder vertikal) und einer Wärmepumpe kann dem Untergrund Energie entzogen werden. Je nach Bodenbeschaffenheit können so dem Untergrund zwischen 20 und 100 W/m entzogen werden.

- Solarthermische Wärmenutzung: hier wird die Energie der Sonne für die Erwärmung von Wasser genutzt. Die Kollektoren reichen hier vom einfachen Sonnenkollektor auf einem Einfamilienhaus bis hin zu Solarkraftwerken, die eine Fläche von mehreren Fußballfeldern haben. Die energiereiche kurzwellige Sonnenstrahlung wird vom Absorber aufgenommen und die Energie wird an ein Trägermedium weiter gegeben. Im Pinzgau liegt die solare Einstrahlung zwischen 650 und 750 kWh/m²a und es kommen vorwiegend Flächenkollektoren zum Einsatz.
- Photovoltaische Stromerzeugung: durch den photovoltaischen Effekt wird solare Strahlung in Strom umgewandelt. Grundsätzlich ist zu glauben, dass diese Form der Energiegewinnung die sauberste und ertragreichste Quelle darstellt. Allerdings liegt der Wirkungsgrad der Solarzellen bei nur rund 8 bis 15 % (je Art) und durch die komplizierte Herstellung der Zellen sind Solarmodule in der Anschaffung noch sehr teuer.
- Strom aus Windenergie: aufgrund des fehlenden konstanten Windes ist die Nutzung von Windenergie im Pinzgau nicht möglich.
- die Brennstoffzelle: in der Brennstoffzelle wird chemische Energie in elektrische Energie und Wärme umgewandelt. Derzeit ist die Technologie der Brennstoffzelle aber noch nicht so weit ausgereift, um als alleiniger Energieversorger für Heizung und Warmwasser störungsfrei über längeren Zeitraum eingesetzt werden zu können. Auch die Anschaffungskosten sind mit rund 1.000 € / kW relativ hoch.

Im Praxisteil dieser Studie wurde untersucht, welche der zuvor genannten Energieträger tatsächlich für eine Mehrfamilienwohnanlage zum Einsatz kommen kann. Hier wurde eine Wohnsiedlung in Hinterglemm gewählt, welche über 260 Wohnungen (verteilt auf 7 Gebäude) verfügt. Aufgrund der Zweitwohnsitznutzung der Wohnungen sind diese vor allem im Winter (Saalbach-Hinterglemm ist als Wintersportgebiet bekannt) belegt. Durch die Auswertung der zur Verfügung stehenden Daten (Stromzähler, Brennerzähler, Ölverbräuche, etc.) konnte der Belegungsschnitt auch zahlenmäßig festgehalten werden. In den 4 Wintermonaten (Dezember – März) tritt mehr als 50% der Jahresbelegung auf. Dementsprechend ist auch der Heizölverbrauch verteilt. In den Spitzenzeiten werden im Monat ca. 30.000 Liter Heizöl verbraucht, im Sommer hingegen nur ca. 4.000 Liter. Die Heizlast der Häuser liegt zwischen 150 und 210 kW, in Summe bei rund 900 kW. Dieser Wert ist aber als Spitzenwert zu verstehen, der nicht das ganze Jahr hindurch benötigt wird. Die Literatur beschreibt, dass die

Grundheizlast ca. 60% der Spitzenlast beträgt. Für die Wohnanlage Hinterfeldweg bedeutet dies, dass in der Grundlast eine Leistung von rund 500 kW erbracht werden muss.

Als Standort für die Anlage kommt aufgrund der Platz- bzw. Besitzverhältnisse in der Wohnanlage der Heizraum des Gebäudes Hinterfeldweg 224 in Frage. Da es sich bei den 260 Wohnungen um Eigentumswohnungen handeln, unterliegen diese dem Wohnungseigentumsgesetz. Um eine Änderung des Heizsystems durchführen zu können, muss eine Abstimmung innerhalb der Eigentümergemeinschaft durchgeführt werden, da eine Änderung nicht im Rahmen der ordentlichen Hausverwaltung ausgeführt werden kann.

Für die untersuchte Wohnanlage kommen nur die alternativen Energieträger Strom aus Wasserkraft, Biomasse und Umgebungswärme (Wärmepumpe) in Frage.

Für die Nutzung des Stromes aus Wasserkraft sind keine großen Umbauarbeiten erforderlich. Die vorhandnen Energiespeicher müssen vergrößert werden, um genügend Energie für die Heizung bzw. auch das Warmwasser liefern zu können. Da in der Nacht ein billigerer Stromtarif angeboten wird, sollten die Energiespeicher vor allem in dieser Zeit erhitzt werden, damit am Tag nur bei Bedarf nachgeheizt werden muss.

Biomasse bietet sich in Form von Pellets an, da diese eine größere Energiedichte als z.B. Hackschnitzel haben und somit für die Lagerung weniger Platz benötigt wird. Um die Grundlast von ca. 500 kW abzudecken, müssten 2 parallel geschaltete Kessel (jeweils 250 kW) installiert werden. Zur Abdeckung der Spitzenlast wird ein bereits vorhandener Ölkessel mit einem Gasbrenner ausgestattet. Die Versorgung der übrigen Häuser erfolgt über ein Nahwärmenetz. In den Gebäuden selbst müssen größere Energiespeicher eingebaut werden, um Spitzen abzudecken. Zusätzlich kann somit auch das Warmwasser über einen Wärmetauscher gewonnen werden und der Energiespeicher muss nicht auf 60°C erhitzt werden (Legionellengefahr). Um zumindest ein Monat lang mit dem Pelletsvorrat auszukommen, muss ein ca. 100m³ großer Erdtank mit Schubstangenvorrichtung errichtet werden.

Durch die Weiterentwicklung der Wärmepumpen ist es auch möglich, größere Leistungsanforderungen abzudecken. Für die Wohnanlage Hinterfeldweg empfiehlt es sich aber, für jedes Gebäude eine eigenständige Wärmepumpe zu installieren. Aufgrund der Leistungsanforderung und der begrenzt zur Verfügung stehenden Fläche sind Flächenkollektoren nicht geeignet. Daher müssen Erdsonden mit Tiefenbohrungen eingesetzt werden. Aufgrund der vermuteten Bodenbeschaffenheit ist für die geforderte Leistung von 150 – 200 kW rund 1000m Bohrtiefe erforderlich bzw. z.B. 10 x 100m. Auch für den Einsatz von Wärmepumpen ist es nötig, die vorhanden Energiespeicher in den Häusern zu Vergrößern, um Verbrauchsspitzen abdecken zu können.

10 Fazit

Die Forschungsfrage dieser Studie lautet: „ Welche regional regenerativen Energieträger zu Erdöl können für Mehrfamilienwohnanlagen im Pinzgau eingesetzt werden".

Die Studie hat gezeigt, dass der Pinzgau nicht über alle regenerativen Energiequellen verfügt, die derzeit bereits eingesetzt werden. So ist z.B. der Einsatz von Windkraft und hydrothermaler Erdwärme im Pinzgau nicht möglich. Allerdings ist im Pinzgau vor allem Potential in Form von Wasserkraft vorhanden bzw. ist auch die Biomassegewinnung noch nicht komplett ausgereizt. Für Mehrfamilienwohnhäuser sind als Alternative zu Erdöl sowohl der Einsatz von Biomasse, Strom aus Wasserkraft und die Nutzung von Umgebungswärme (Wärmepumpen) möglich. Diese Energieträger sind Alternativen zu Erdöl, die Technologie ist bereits ausgereift und bei Wohnanlagen, die über eine Zentralheizung verfügen, ist ein Umbau einfach durchzuführen.

Literaturverzeichnis

Adunka, Franz: Handbuch der Wärmeverbrauchsmessung, Essen, Vulkan Verlag, 1991

Eichelbrönner, Matthias: Erneuerbare Energien in der Stromversorgung / Errichtung, Anlagenbetrieb und Kosten auf Basis einer empirischen Situationsanalyse, Berlin, Verlag Dr. Köstner, 2000

EWI: Die Entwicklung der Energiemarkte bis zum Jahr 2030, Oldenbourg Industrieverlag GmbH, 2005

Giesecke, Jürgen / Mosonyi, Emil: Wasserkraftanlagen, Planung Bau und Betrieb, 4. Auflage, Berlin Heidelber, Springer Verlag, 2005

Hau, Erich: Windkraftanlagen / Grundlagen, Technik, Einsatz, Wirtschaftlichkeit, 3. Auflage, Berlin, Heidelberg, New York, Springer Verlag, 2003

Jauschowetz, Rudolf: Leitfaden zur Berechnung der Heizlast von Gebäuden, Graz, dbv-Verlag Verlag für die Technische Universität Graz, 1997

Kalide, Wolfgang: Energieumwandlung in Kraft- und Arbeitsmaschinen, 8. Auflage, Wien, München, Carl Hanser Verlag, 1995

Kaltschmitt, Martin / Huenges, Ernst / Wolff, Helmut: Energie aus Erdwärme, Suttgart, Deutscher Verlag für Grundstoffindustrie, 1999

Kaltschmitt, Martin / Wiese, Andreas / Streicher, Wolfgang: Erneuerbare Energien / Systemtechnik, Wirtschaftlichkeit, Umweltaspekte, 3 Auflage, Berlin, Springer –Verlag Berlin/ Heidelberg / New York, 2003

Kleemann Manfred / Melіß Michael: Regenerative Energiequellen, 2. Auflage, Berlin, Springer Verlag, 1993

Lechner, Kurt / Lühr, Hans-Peter/ Zanke, Ulrich C.E: Taschenbuch der Wasserwirtschaft, Berlin, Parey Buchverlag, 2001

Morris, Craig: Zukunftsenergien, Die Wende zum nachhaltigen Energiesystem, Hannover, Heise Zeitschriften Verlag GmbH & Co KG, 2005

Mücke, Wolfgang/ Gröger, Gabriele: Biomasse – Energieträger und biobasierte Produkte, München, Herbert Utz Verlag GmbH, 2006

Neubarth, Jürgen/ Kaltschmitt, Martin: Erneuerbare Energien in Österreich, Wien, Springer Verlag, 2000

Pech, Anton / Pöhn Christian: Bauphysik, Wien, Springer Verlag, 2004

Perridon, Dr. Louis / Steiner, Dr. Manfres: Finanzwirtschaft der Unternehmung, München, Verlag Franz Vahlen, 2004

Rebhan, Eckhard: Energiehandbuch / Gewinnung, Wandlung und Nutzung von Energie, Berlin Heidelberg, Springer Verlag, 2002

Schramek, Prof. Dr.-Ing. Ernst Rudolf: Taschenbuch für Heizung und Klimatechnik, München, Oldenbourg Industrieverlag München, 07/08

Stockinger, Herman / Obernberger, Ingwald: Systemanalyse der Nahwärmeversorgung mit Biomasse, Graz, Medienfabrik Graz, 1998

Tacke, Dipl. –Ing. Franz: Windenergie / Die Herausforderung, Frankfurt am Main, VDMA Verlag GmbH, 2004

Tschütscher, Dr. Joachim: WEG – Das Handbuch für die Praxis, 2 Auflage, Wien, Verlag Österreich, 2006

Wandrey, Uwe: Kraftwerk Sonne / Wie wir natürliche Energiequellen nutzen und die Umwelt schützen, Hamburg, Rowohlt Taschenbuch Verlag GmbH, 2003

Witzel, Walter / Seifried, Dieter: Das Solarbuch / Fakten, Argumente, Strategien, 2. Auflage, Freiburg, Energieagentur Regio Freiburg GmbH, 2004

Internetquellen

Informationssystem Bundesland Salzburg	www.salzburg.gv.at
Klima:aktiv	www.klimaaktiv.at
Österreichischer Rundfunk	www.orf.at
Österreichisches Institut für Bautechnik	www.oib.at
proPellets Austria	www.propellets.at
Regionalenergie Steiermark	www.regionalenergie.at
Rhön – Klinikum AG	www.rhoen-klinikum-ag.com
Solaranlagen Portal	www.solaranlagen-portal.at
Statistik Austria	www.statistik.at
Universität Köln	www.uni-koeln.de

Studien

Dipl. Ing. Jonas Anton, Verfügbare Biomasseressourcen – Potentialabschätzung, Waldhackgut – Energieholz aus forstlicher Nutzung und Grundlagen der Forst und Holzwirtschaft, Niederösterreichischer Waldverband, 2002

Manfred Gronalt, Alexander Petutschnigg, Peter Rauch und Bernhard Zimmer, Projektbericht für Holz – Logistik – Zentrum Salzburg, Universität für Bodenkultur Wien und Fachhochschule Salzburg GmbH, Wien und Kuchl, 2005

Anhang

Anhang A1: Gebäude mit Ölheizungen Fa. Pinzgauer Haus Immobilientreuhand

PLZ	Bruttogeschoßfläche in m²	Baujahr	Ölverbrauch in l pro Jahr	Liter / m²a	Bemerkung
5761	2.329	1974	67.000	28,77	Hallenbad
5761	2.200	1971	70.000	31,81	Hallenbad
5753	1.207	1962	20.000	16,58	
5754	2.493	1971	44.000	17,65	
5754	2.417	1965	48.000	19,86	
5754	1.315	1965	25.000	19,01	
5754	1.772	1970	45.000	25,39	
5754	1.374	1972	37.000	26,93	
5761	1.532	1981	19.500	12,73	
5640	992	1970	25.500	25,70	
5761	815	1979	13.500	16,57	
5743	1.269	1977	27.000	21,28	
5753	314	1972	5.500	17,54	
5753	1.764	1965	27.500	15,59	
5760	2.113	1986	37.000	17,51	
5761	429	1982	6.000	13,97	
5761	1.283	1969	20.000	15,59	
5761	429	1982	6.500	15,14	
5761	429	1982	6.500	15,14	
5753	432	1983	7.000	16,22	
5700	1.064	1988	12.500	11,75	
5753	3.966	1965	44.500	11,22	
5700	1.367	1988	9.100	6,66	
5700	927	1965	17.500	18,88	
5771	602	1992	9.500	15,78	
5760	926	1994	9.000	9,72	
5753	1.514	1976	25.000	16,51	
5760	926	1997	9.500	10,26	
5710	3.362	1972	50.000	14,87	
Summe	41.563		744.100		

Anhang A 4: Energieträger zur Gebäudeheizung bei Mehrfamilienwohnhäusern in den Pinzgauer Gemeinden

		Mehrfamilien-wohnhäuser	Heizöl	Holz	Hackschnitzel u Pellets	Kohle	Strom	Gas	Alternative Systeme	Fernwärme
5733	Bramberg	69	28,90%	11,10%	15,20%	0,70%	11,90%	0,80%	0,60%	3,30%
5671	Bruck a.d. Glstr.	106	41,00%	10,80%	4,10%	0,40%	7,90%	5,10%	2,70%	6,80%
5652	Dienten	38	45,80%	16,10%	1,40%	0,30%	3,50%	2,40%		
5672	Fusch	10	32,70%	13,40%	1,50%	0,40%	10,80%	2,20%	1,50%	
5731	Hollersbach	16	45,80%	13,50%	3,30%	0,30%	1,20%	7,50%	0,90%	
5710	Kaprun	95	53,20%	2,80%	0,30%	0,50%	10,80%	8,00%	1,50%	2,90%
5651	Krimml	42	37,50%	4,80%	1,00%	1,80%	39,00%	1,80%	0,00%	0,00%
5771	Lend	60	31,50%	15,80%	0,80%	0,50%	7,00%	8,30%	0,30%	
5090	Leogang	76	48,70%	9,40%	3,40%	1,80%	12,80%	1,20%	1,80%	
5751	Lofer	37	32,40%	8,90%	2,00%	0,30%	7,10%	1,10%	0,20%	
5761	Maishofen	77	47,30%	10,20%	1,30%	0,10%	6,80%	12,80%	0,50%	
5730	Maria Alm	76	50,80%	7,20%	6,30%	0,20%	10,40%	1,10%	0,50%	6,10%
5730	Mittersill	114	49,50%	8,20%	0,90%	0,30%	11,00%	1,40%	1,60%	
5722	Mittersill	36	51,50%	10,20%	3,30%	0,90%	8,20%	3,20%	0,70%	
5721	Niedernsill	21	47,40%	12,80%	1,90%	0,90%	4,00%	1,50%	0,50%	1,70%
5661	Piesendorf	57	39,30%	16,80%	1,50%	0,90%	10,90%	6,40%	1,40%	
5753	Rauris	34	23,10%	21,20%	7,40%	0,10%	8,40%	2,10%	1,60%	16,00%
5760	Saalbach	96	63,50%	3,10%	0,30%	0,40%	15,10%	1,40%	0,40%	

		Mehrfamilien-wohnhäuser	Heizöl	Holz	Hackschnitzel u Pellets	Kohle	Strom	Gas	Alternative Systeme	Fernwärme
5092	Saalfelden	461	42,70%	7,30%	2,50%	2,50%	13,60%	11,60%	0,90%	1,10%
5724	Sankt Martin	29	19,00%	8,90%	4,30%	0,00%	4,90%	0,90%	0,00%	43,20%
5660	Stuhlfelden	27	47,80%	11,00%	1,50%	1,00%	7,10%	0,10%	1,00%	
5091	Taxenbach	46	24,00%	24,80%	2,60%	1,60%	7,90%	6,20%	1,20%	
5723	Unken	17	41,60%	17,10%	3,10%	0,10%	4,40%	2,80%	1,90%	
5752	Uttendorf	74	41,50%	13,30%	2,20%	1,90%	15,10%	1,30%	0,00%	
5742	Viehofen	7	56,40%	11,90%	0,00%	0,00%	5,90%	2,00%	0,50%	
5093	Wald	34	24,40%	8,10%	0,80%		4,20%	36,50%	0,30%	
5700	Weißbach	4	22,80%	22,20%	5,40%	1,20%	0,00%	0,00%	1,80%	
5743	Zell am See	393	41,10%	4,50%	0,60%	60,00%	13,40%	14,90%	0,60%	0,70%
Summe		**2152**	**40,40%**	**11,62%**	**2,82%**	**2,93%**	**9,40%**	**5,16%**	**0,92%**	**8,18%**

Quelle: Daten ermittelt aus Unterlagen der Volkszählung 2006

Anhang A5: Fördertabelle Solar u. Biomasse Land Salzburg

Förderungen für thermische Solaranlagen und Biomasseanlagen in Salzburg

Förderungsgegenstand

- Thermische Solaranlagen
- Pelletsheizungen
- Hackgutheizungen
- Scheitholzkessel mit Pufferspeicher
- Verdichtung Biomasse Nah-/Fernwärme

(nähere Details und die gültigen Richtlinien finden Sie unter: www.foerdermanager.net)

1 Private Haushalte

1.1 Bestehende Wohnbauten

Zielgruppe

- Eigentümer oder Mieter von bestehenden Wohnbauten
- Sonstige, die keine andere Förderung erhalten können

Fördertabelle für thermische Solaranlagen und Biomasseanlagen in Salzburg

	Maßnahmen	Punkte
Planung	Energieausweis mit Sanierungsvorschlägen	2
	Heizungsinspektion (Protokoll + Verbesserungsvorschläge)	1
Wärmeschutz, Wärmerückgewinnung	Wärmeschutz Zuschlagspunkte aus Energieausweis	0 10
	Komfortlüftung mit Wärmerückgewinnung Zuschlagspunkte	0 bis 5
Biomasse - Basisförderung	Pelletskessel	10
	Hackgutheizung	10
	Scheitholzkessel mit Pufferspeicher	7
	Verdichtung Biomasse Nah- oder Fernwärmeanschluss (die anderen Punkte können „gesammelt" werden)	0
Solaranlage	Sonnenkollektor 1 6 m² pro m²	1
	Sonnenkollektor 7 25 m² pro m²	0,5
Effizienzsteigerung	Hydraulischer Abgleich der Heizungsanlage	2
	Hocheffizienzpaket Biomasse	4
	Hocheffizienzpaket Solar	6
	Pufferspeicher vorgesehen für Solar und Heizungseinbindung	5
Elektrische Energie	Hocheffizienzpumpe der Energieeffizienzklasse A	0,5
Innovation und Nachhaltigkeit	Biomasseanlage mit Brennwertnutzung Biomasseanlage mit Partikelabscheider	5
	Kombinationszuschlag Biomasse-Solar	5
	Brennstoffwechsel von fossil auf erneuerbar	5

1 Punkt = Euro 100,-

Land Salzburg Form 2400a-1.08

Es kann auch um eine Darlehensförderung angesucht weren (keine Doppelförderung

1.2 Neu errichtete Wohnbauten

Zielgruppe

- Errichter von Neubauten

Förderungshöhe

Zuschlagspunkte, die das geförderte Darlehen erhöhen oder, wenn keine Wohnbauförderung möglich ist, wie bei 1.1

2 Gewerblich genutzte Anlagen

Zielgruppe

Sämtliche natürliche und juristische Personen, insbesondere

- Unternehmen zur Ausübung von gewerbsmäßigen Tätigkeiten (jedoch nicht auf GewO beschränkt)
- Konfessionelle Einrichtungen und gemeinnützige Vereine
- Einrichtungen der öffentlichen Hand in der Form eines Betriebes mit marktbestimmter Tätigkeit
- Energieversorgungsunternehmen

Förderungshöhe

30 bis 40% Zuschuss zu den gesamten umweltrelevanten Kosten

Förderungsstelle für gewerbliche Anlagen:
Kommunalkredit Public Consulting GmbH
Tel.: (01) 31631, **Internet:** www.kommunalkredit.at

Informationen:
Energieberatung Salzburg
Tel.: (0662) 8042-3863, **E-mail:** energieberatung@salzburg.gv.at
Internet: www.foerdermanager.net

Anhang A11: Kesselleistung Wohnanlage Hinterfeldweg in kW

Hinterfeldweg 291	Hinterfeldweg 224	Hinterfeldweg 253 / 254	Hinterfeldweg 261	Hinterfeldweg 283 / 284	Gesamt Hinterfeldweg
210	200	130	200	170	910

Quelle: Daten durch ablesen der Typenschilder bei den Kesseln vor Ort ermittelt

Anhang A12: Heizölverbrauch Wohnanlage Hinterfeldweg 2005 -2007 in Liter

	Hinterfeldweg 291	Hinterfeldweg 224	Hinterfeldweg 253 / 254	Hinterfeldweg 261	Hinterfeldweg 283 / 284	Gesamt Hinterfeldweg
Jän.05	8.365	7.520	5.206	7.707	4.272	33.070
Feb.05	7.164	2.810	3.923	5.121	5.920	24.939
Mär.05	6.833	7.856	4.369	7.806	4.074	30.939
Apr.05	2.754	3.898	521	2.397	2.857	12.426
Mai.05	1.077	2.770	1.004	2.720	2.732	10.303
Jun.05	1.429	1.840	818	1.812	1.243	7.143
Jul.05	1.367	2.711	837	2.487	1.880	9.281
Aug.05	1.760	1.939	1.023	2.531	2.263	9.516
Sep.05	2.340	2.889	1.320	3.219	2.190	11.958
Okt.05	3.230	6.669	2.900	6.025	3.614	22.439
Nov.05	3.292	6.689	2.677	4.105	4.758	21.522
Dez.05	6.957	8.964	5.857	1.992	4.061	27.832
Gesamt 05	**46.569**	**56.556**	**30.455**	**47.923**	**39.865**	**221.368**
Jän.06	7.251	11.275	3.139	9.640	3.795	35.100
Feb.06	5.713	7.312	2.251	4.942	3.806	24.023
Mär.06	5.823	5.510	2.525	4.457	4.138	22.453

Apr.06	2.655	3.200	2.043	3.458	2.500	13.856
Mai.06	1.227	933	2.624	2.261	1.520	8.565
Jun.06	1.465	911	291	684	1.295	4.645
Jul.06	1.062	318	415	1.115	830	3.740
Aug.06	1.428	1.823	1.146	3.248	2.067	9.713
Sep.06	1.227	1.293	1.412	2.090	1.738	7.760
Okt.06	2.344	3.370	3.015	3.944	3.648	16.320
Nov.06	2.747	4.069	3.380	3.097	2.246	15.539
Dez.06	5.511	4.875	4.219	4.154	3.487	22.246
Gesamt 06	**38.452**	**44.889**	**26.458**	**43.091**	**31.070**	**183.960**
Jän.07	5.962	4.495	5.176	3.821	3.921	23.377
Feb.07	5.474	6.138	5.260	4.787	4.140	25.798
Mär.07	4.907	4.811	2.295	4.706	4.127	20.846
Apr.07	2.444	398	215	1.938	1.906	6.901
Mai.07	1.153	531	383	806	1.708	4.581
Jun.07	1.349	133	132	940	1.199	3.752
Jul.07	1.505	332	371	806	1.632	4.647
Aug.07	1.427	415	430	1.003	1.456	4.730
Sep.07	2.346	4.180	1.243	2.305	2.083	12.157
Okt.07	3.460	11.048	3.969	6.374	3.601	28.452

Nov.07	3.949	6.818	3.180	4.702	4.161	22.809
Dez.07	6.881	5.424	2.738	5.386	4.813	25.243
Gesamt 07	**40.857**	**44.722**	**25.392**	**37.574**	**34.748**	**183.293**

Quelle: Daten ermittelt aus den Zählerständen der Monatsberichte der Hausmeister

Anhang A14: Amortisation Pelletsheizung

Jahr	Öl +3%	Öl +5%	Öl +10 %	Pellets +3%	Pellets + 5%	Pellets + 10%
2008	€ 180.000	€ 180.000	€ 180.000	€ 335.000	€ 335.000	€ 335.000
2009	€ 369.480	€ 376.870	€ 395.344	€ 396.800	€ 408.704	€ 424.576
2010	€ 568.806	€ 580.182	€ 608.622	€ 460.454	€ 474.268	€ 492.686

Anhang A15: Amortisation Solaranlage

Jahr	Solar	Öl 3%	Öl 5%	Öl 10 %
2008	€ 280.000	€ 35.200	€ 35.200	€ 35.200
2009	€ 290.200	€ 71.456	€ 72.160	€ 73.216
2010	€ 300.604	€ 108.800	€ 110.968	€ 114.273
2011	€ 311.216	€ 147.264	€ 151.716	€ 158.615
2012	€ 322.040	€ 186.882	€ 194.502	€ 206.504
2013	€ 333.081	€ 227.688	€ 239.427	€ 258.225
2014	€ 344.343	€ 269.719	€ 286.599	€ 314.083
2015	€ 355.830	€ 313.010	€ 336.129	€ 374.409
2016	€ 367.546	€ 357.601	€ 388.135	€ 439.562
2017	€ 379.497	€ 403.529	€ 442.742	€ 509.927
2018	€ 391.687	€ 450.834	€ 500.079	€ 585.921

Anhang A16: Amortisation Stromheizung

Jahr	Öl +3%	Öl +5%	Öl +10 %	Strom +3%	Strom +5%	Strom 10%
2008	€ 180.000	€ 180.000	€ 180.000	€ 220.000	€ 220.000	€ 220.000
2009	€ 369.480	€ 373.080	€ 382.080	€ 384.800	€ 388.000	€ 396.000
2010	€ 568.806	€ 579.976	€ 608.530	€ 554.544	€ 561.040	€ 589.600
2011	€ 778.357	€ 801.461	€ 861.869	€ 729.380	€ 739.271	€ 802.560

Anhang A17: Amortisation Erdwärme

Jahr	Öl +3%	Öl +5%	Öl +10 %	Erdwärme + 3%	Erdwärme +5%	Erdwärme +10%
2008	€ 180.000	€ 180.000	€ 180.000	€ 700.000	€ 700.000	€ 700.000
2009	€ 365.400	€ 369.000	€ 378.000	€ 803.000	€ 819.060	€ 859.210
2010	€ 556.362	€ 567.450	€ 595.800	€ 909.090	€ 927.272	€ 972.726
2011	€ 753.053	€ 775.823	€ 835.380	€ 1.018.363	€ 1.038.730	€ 1.089.648
2012	€ 955.644	€ 994.614	€ 1.098.918	€ 1.130.914	€ 1.153.532	€ 1.210.078
2013	€ 1.164.314	€ 1.224.344	€ 1.388.810	€ 1.246.841	€ 1.271.778	€ 1.334.120
2014	€ 1.379.243	€ 1.465.562	€ 1.707.691	€ 1.366.246	€ 1.393.571	€ 1.461.883
2015	€ 1.600.620	€ 1.718.840	€ 2.058.460	€ 1.489.234	€ 1.519.018	€ 1.593.480
2016	€ 1.828.639	€ 1.984.782	€ 2.444.306	€ 1.615.911	€ 1.648.229	€ 1.729.024

Rechenbeispiel zur Berechnung der Amortisatzionszeit Erdwärme:

Jahr 2008:

- derzeitiger Ölverbrauch: 200.000 Liter pro Jahr * 0,88 Euro + 4.000 Euro Grundkosten (Strom, Kaminkehrer, Brennerservice) = 180.000,- Euro
- Erdwärme: Investitionskosten von 600.000,- Euro + jährliche Kosten von 100.000,- Euro (Strom, Wartung, etc) = 700.000,- Euro

Jahr 2009: +3% Preissteigerung

- Öl:180.000,- Euro + (180.000,- Euro + 3% Preissteigerung) = 365.400,-
- Erdwärme: 700.000,. Euro + (100.000,- Euro + 3% Preissteigerung) = 803.000,- Euro

Anhang A 25 – Förderungen der regenerativen Energieträger

Förderungen Biomasseanlagen

Die Förderung für den Einbau von Biomasse – Zentralheizungen ist durch die jeweilige Gesetzgebung der Bundesländer geregelt. Für den Pinzgau gilt daher die Förderung des Bundeslandes Salzburgs, in dem die Errichtung von:

- Pelletsheizungen
- Scheitholzkessel mit Pufferspeicher
- Hackgutheizungen
- Verdichtung Biomasse Nah / Fernwärme

gefördert wird. Diese Förderung gilt sowohl für neue als auch bereits bestehende Gebäude, wobei die Zielgruppe Mieter oder Eigentümer bereits bestehender Wohnbauten sind. Aber auch gewerblich genutzte Anlagen werden gefördert. Im Bundesland Salzburg wird die Förderung anhand eines Punktesystems errechnet, wobei ein Punkt 100,-- Euro Fördermittel gleich zu setzen ist.

Tabelle 7 stellt die förderbaren Maßnahmen für Biomasseanlagen in Salzburg dar.

	Maßnahmen	**Punkte**
Planung	Energieausweis mit Sanierungsvorschlägen	2
	Heizungsinspektion (Protokoll + Sanierungsvorschläge)	1
Wärmeschutz,	Wärmeschutz - Zuschlagspunkte aus Energieausweis	0 - 10
Wärmerückgewinnung	Komfortlüftung mit Wärmerückgewinnung - Zuschlagspunkte	0 - 5
	Pelletskessel	10
Biomasse -	Hackgutheizung	10
Basisförderung	Scheitholzkessel mit Pufferspeicher	7
	Verdichtung - Biomasse - Nah oder Fernwärmeanschluss	0
Effizienzsteigerung	Hydraulischer Abgleich der Heizanlage	2
	Hocheffizienzpacket Biomasse	4
Elektrische Energie	Hocheffizienzpumpe der Energieeffizienzklasse A	0,5
Innovation	Biomasseanlage mit Brennwertnutzung	5
und Nachhaltigkeit	Biomasseanlage mit Partikelabscheider	5
	Brennstoffwechsel von fossil auf erneuerbar	5

Tabelle 7: Fördertabelle für Biomasseanlagen im Bundesland Salzburg[130]

Voraussetzung für Förderung ist ein bereits vorhandener Energieausweis, der zusammen mit der Auswertung einer Heizungsinspektion bereits vorab an die Förderstelle zu übermitteln ist. Die Punkte für eine vorhandene Wärmedämmung werden mittels Energieausweis ermittelt. Dies gilt ebenso für die Punkte der Wärmerückgewinnung. Bei einem hydraulischen Abgleich wird die richtige Durchflussmenge und Durchflussgeschwindigkeit vom Installateur errechnet und entsprechend eingestellt. Das Hocheffizienzpacket Biomasse erfordert zusätzlich einen Pufferspeicher mit hygienischer Warmwasserbereitung. Anlagen mit Brennwertnutzung werden gefördert, wenn die im Abgasweg eingebauten sekundären Bauteile zur Förderung des Wärmeertrages beitragen. Partikelabscheider werden gefördert, wenn es sich dabei um elektronische Abscheider, filternde Abscheider (Gewebe bzw. keramische Filter) oder Abgaswäscher handelt. Nicht unterstützt werden Fliehkraftabscheider.

---

[130] Quelle: siehe Anhang A 5: Fördertabelle Solar u. Biomasse Land Salzburg
[130] Eigene Darstellung

Förderungen von Stromerzeugung aus Wasserkraft

Die Förderung für Wasserkraftwerke wird derzeit durch das Ökostromgesetz geregelt. Dies sieht bei der Errichtung von mittleren Wasserkraftanlagen einen Investitionszuschuss von maximal zehn Prozent des unmittelbar für die Errichtung der Anlage erforderlichen Investitionsvolumens (exklusive Grundstückskosten) vor. Maximal wird einen Investitionszuschuss in Höhe von 400 Euro/Kilowatt Engpassleistung, sowie insgesamt maximal sechs Millionen Euro für eine mittlere Wasserkraftwerksanlage gefördert[131]. Die Einspeisung des Stromes in das öffentliche Netz wird gemäß §5 Abs. 1 Ökostromverordnung gefördert.[132]

Förderungen hydrothermaler Erdwärmenutzung

Im Bundesland Salzburg gibt es derzeit keine Fördermöglichkeiten für die Ausnutzung von hydrothermaler Erdwärme.

Förderungen von Nutzung Umgebungswärme

Im Bundesland Salzburg wird der Einbau von Wärmepumpen nicht vom Land gefördert. Allerdings hat die Salzburg AG[133] in Zusammenarbeit mit dem Land und den Herstellern von Wärmepumpen ein Fördermodell ausgearbeitet. Vorraussetzung für die Förderung ist, dass bei Neubauten ein LEK – Wert[134] von 25 und bei Altbauten 28 erreicht wird. Pro kW - Heizleistung werden € 70,- gefördert.

---

131 URL http://www.salzburg.com/nwas/index.php?article=DText/z--tr26v9vsm0g9rxtq$*d*&img=&text=&mode=§ion=&channel=7mal24&sort [22.05.2008}

132 Vgl. dazu auch Kilowattpreise für die Einspeisung von Strom aus Photovoltaik Anlagen

133 Salzburg AG: Energielieferant im Bundesland Salzburg

134 LEK – Wert: kennzeichnet den Wärmeschutz eines Gebäudes unter Berücksichtigung der Geometrie des Gebäudes oder Raumes und wurde in der ÖNORM B 8110-1 eingeführt. Quelle: Vgl. Pech / Pöhn, S.39, 2004

Förderungen von Solaranlagen

Förderungen werden wie bereits im Kapitel 0 (Förderungen von Biomasseanlagen) mittels eines Punktesystems gehandhabt. Zusätzlich zu den in Tabelle 7 bereits dargestellten Fördermaßnahmen gelten für Solaranlagen noch folgende Förderkriterien:

	Maßnahmen	**Punkte**
Solaranlage	Sonnenkollektor 1 - 6 m² bis pro m²	1
	Sonnenkollektor 7 - 25 m² pro m²	0,5
Effizienzsteigerung	Hocheffizienzpacket Solar	6
	Pufferspeicher vorgesehen für Solar - u. Heizungseinbindung	5
Innovation und Nachhaltigkeit	Kombinationszuschlag Biomasse - Solar	5

Tabelle 8: Fördertabelle für Solaranlagen im Bundesland Salzburg[135]

1 Punkt = €100,-

Förderungen Photovoltaikanlagen

Derzeit gibt es im Bundesland Salzburg keine Förderung für die Errichtung von Photovoltaik-Anlagen. Gefördert wird nur der eingespeiste Strom. Gemäß §5 (1) der Ökostromverordnung werden die Preise für die Abnahme elektrischer Energie aus Photovoltaikanlagen wie folgt festgesetzt:

bis 5 kWpeak..45,99 Cent/kWh;

über 5 kWpeak bis einschließlich 10 kWpeak..39,99 Cent/kWh;

über 10 kWpeak...29,99 Cent/kWh.

---

135 Quelle: siehe Anhang A 5: Fördertabelle Solar u. Biomasse Land Salzburg

135 Eigene Darstellung

Förderungen von Windkraftanlagen

Derzeit gibt es für die Errichtung von Windkraftanlagen im Bundesland Salzburg keine speziellen Förderungen. Gefördert wird allerdings wieder die Einspeisung des Stromes ins Netz.

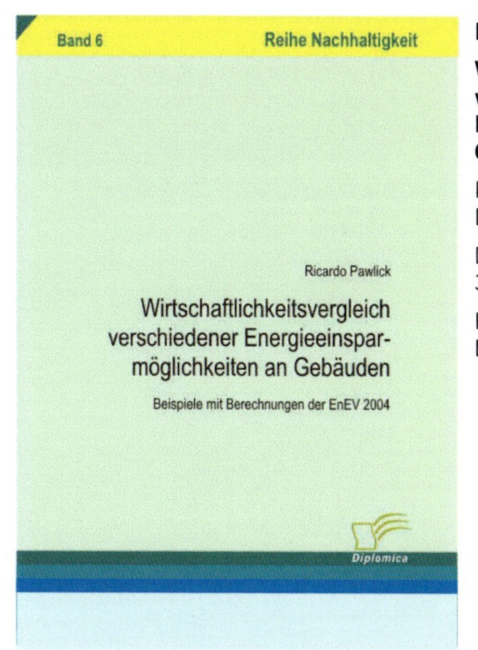

Ricardo Pawlik

Wirtschaftlichkeitsvergleich verschiedener Energieeinsparmöglichkeiten an Gebäuden

Beispiele mit Berechnungen der EnEV 2004

Diplomica 2007 / 220 Seiten / 39,50 Euro

ISBN 978-3-8366-0367-6
EAN 9783836603676

„Der Anteil der Raumheizung am Primärenergiebedarf Deutschlands beträgt 30%, dieser Sektor bietet noch immer große relativ leicht zu erschließende Potenziale für Einsparungen." Aber Energie einsparen bedeutet aber nicht automatisch Kosten einsparen.
Der wichtigste Aspekt in Bezug auf die Energieeinsparung ist also die Wirtschaftlichkeit. Dies spielt im gesamten für die meisten Bauherren eines Einfamilienhauses zunächst eine untergeordnete Rolle. Meistens sind die Erstkosten in Bezug auf die Finanzierung dem Bauherren wichtiger. Umso fragwürdiger sind also auch, ob für den Bauherren Klimaschutz, Ozonloch oder Umweltschutz dann noch eine Rolle spielen.
Diese Untersuchung zeigt das Zusammenspiel aller Faktoren auf. Sie soll Planern und Bauherren Aufschluss über die Wirtschaftlichkeit von verschiedenen Möglichkeiten zur Energieeinsparung geben.
Dies geschieht anhand eines frei gewählten Einfamilienhauses. Es wird über den Nutzungszeitraum bis zur vollständigen Bezahlung betrachtet. Neben dem Vergleich über drei Standardbauweisen als Grundvarianten, werden verschiedene weitere Möglichkeiten, die den Primärenergiebedarf senken, aufgeführt. Dabei werden die Anforderungen an den Stand der Technik in Bezug auf Feuchteschutz, Schallschutz usw. beachtet. Grundlage des Vergleichs ist die EnEV 2004. Der Wirtschaftlichkeitsvergleich wird anhand der Kapitalwertmethode geführt. Als Ergebnis der Studie werden die Einflussfaktoren und die Zielwerte übersichtlich, grafisch dargestellt.

Stefan Tobias

Investitionsrechnung von Projekten in Windkraftanlagen
Bewertungsbesonderheiten und Investitionscontrolling

Diplomica 2007 / 116 Seiten / 39,50 Euro

ISBN 978-3-8366-0502-1
EAN 9783836605021

Die betriebswirtschaftliche Analyse regenerativer Energiequellen und damit auch von Windkraftanlagen gewinnt vor dem Hintergrund der Knappheit zur Verfügung stehender fossiler und nuklearer Energieträger sowie der Liberalisierung der öffentlichen Energieversorgung zunehmende Relevanz. Die monetäre Vorteilhaftigkeit dieser Assetklasse im laufenden Betrieb und deren Berücksichtigung im Rahmen der Planung rückt damit zunehmend in den Mittelpunkt des Interesses und steht daher im Zentrum der vorliegenden Studie.
Dazu werden zu Beginn die wesentlichen technischen und meteorologischen Grundlagen der Bewertung dargestellt. Darauf aufbauend erfolgt die Diskussion der geeigneten Investitionsbewertungsverfahren, wobei kapitalwertbasierte Ansätze als geeignete Instrumente identifiziert werden.
Dem schließt sich die inhaltliche Ausgestaltung der Bewertung in Form von Ausgestaltungen der Zahlungsreihenelemente, der Ermittlung wesentlicher Risikoaspekte sowie Finanzierungs- und Steuergesichtspunkten an. Abgerundet wird dieser Teil der Studie durch eine Beispielrechnung.
Aufbauend auf dieser Bewertungssicht erfolgt die Prüfung der Anwendbarkeit des Realoptionsansatzes auf diese Assetklasse. Dabei wird insbesondere der Versuch unternommen, Anlagenmerkmale mit Flexibilitätspotenzialen zur Reaktion auf alternative Umweltzustände zu identifizieren. Abschließend werden dann die Aufgaben des Investitionscontrollings über dem gesamten Lebenszyklus eines solchen Investitionsprojektes dargestellt.

Florian Arnold Mertens

Energetischen Sanierung des Wohnungsbestands durch Passivhaus-Technologien
Eine szenariobasierte Lebenszyklus-Erfolgsanalyse

Diplomica 2008 / 116 Seiten / 39,50 Euro

ISBN 978-3-8366-0432-1
EAN 9783836604321

Die Wohnungswirtschaft in Deutschland steht derzeit vielfältigen und bisher nicht gekannten Herausforderungen gegenüber. Der demographische Wandel, die Klimaschutzproblematik, zunehmende Leerstände in strukturschwachen Regionen, sowie steigende und immer stärker individualisierte Ansprüche an den Wohnkomfort erfordern schlüssige Konzepte für die Entwicklung der Wohnungsbestände. Eine besondere Bedeutung kommt dabei Maßnahmen zur Verringerung des Energieverbrauchs zu, da sie durch Reduktion der CO2-Emissionen einen wesentlichen Beitrag zur Zukunftsfähigkeit des deutschen Immobilienbestandes leisten können. Dabei stellt sich die Frage, ob der Einsatz energieeffizienter Passivhaustechnologien im Gebäudebestand nicht nur erheblich zum Klimaschutz beitragen, sondern zugleich auch den wirtschaftlichen Rentabilitätsanforderungen genügen kann. Diese Studie untersucht daher die relative wirtschaftliche Vorteilhaftigkeit einer Sanierung mit Passivhaus-Technologien gegenüber herkömmlichen Sanierungsvarianten aus Investorensicht. Im Zentrum der Analyse stehen typische-Mehrfamilienhäuser der 50er und 60er Jahre. Dabei baut die Untersuchung auf der Entwicklung verschiedener Szenarien auf. Mit Hilfe der Monte-Carlo-Methode werden unterschiedlichste real mögliche Sanierungsfälle im Sinne einer repräsentativen Stichprobe simuliert und anschließend ökonomisch und statistisch ausgewertet. Die Ergebnisse zeigen die aktuelle und zukünftige Leistungsfähigkeit der Passivhaustechnologien bei der Sanierung von Wohnungen im Bestand.

Tobias Luthe

Energetische Bilanzierung von Baustoffen für den Holzhausbau

Diplomica 2008 / 140 Seiten / 39,50 Euro

ISBN 978-3-8366-0621-9
EAN 9783836606219

In Design und Bau von umweltfreundlichen Gebäuden spielt die Betrachtung von Werkstoffen unter ökologischen Gesichtspunkten eine zunehmend bedeutende Rolle. Nicht nur die energetische Performance des fertiggestellten Hauses geht in die Bilanz ein, sondern der gesamte Lebenszyklus von der Herstellung bis zum Recycling.
Ziel dieses Buchs ist der konkrete Vergleich einer bekannten und oft eingesetzten Zahl von Werkstoffen, um somit der Praxis konkrete Entscheidungsinformationen zu bieten. Dafür befasst sich die Studie mit der rein energetischen Betrachtung der Herstellung von Holzwerkstoffen, wie sie in das Energiebudget von Passiv- und Niedrigenergiehäusern als relevante Größen eingehen. In die Betrachtung und die Ergebnisse spielt auch die Speicherkapazität von Kohlendioxid mit hinein - ein hochaktueller Aspekt der Reduzierung klimaschädlicher Gase.
Zu fünf verschiedenen Werkstoffen und Bauteilen für den Einsatz im Holzhausbau werden Vergleiche mit ökologischer Aussage durchgeführt. Die bilanzierten Werkstoffe sind Fermacell, OSB (Oriented Strand Board), Fichte-3-Schicht Platte, Livingboard und Multiplex Top.
Der methodische Ansatz der vorliegenden Studie beruht auf der Recherche nach Sekundärinformationen, die im Wesentlichen direkt bei den Herstellerfirmen in Form einer detaillierten Matrix erhoben wurden. Die Untersuchung zeigt Stärken und Schwächen dieser Methodik auf, die für darauf aufbauende Untersuchungen von Relevanz sind.

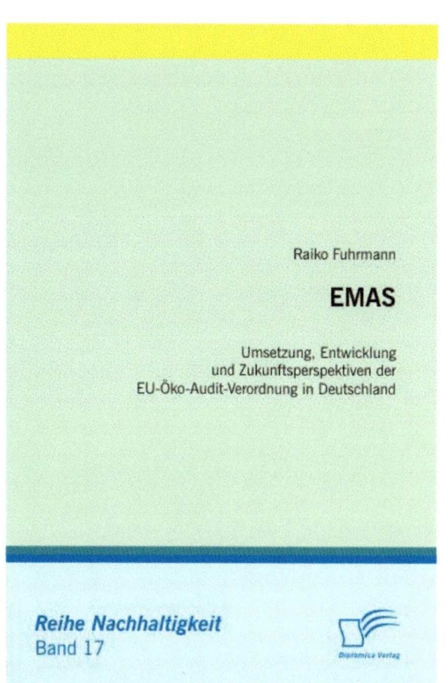

Raiko Fuhrmann

EMAS
Umsetzung, Entwicklung und Zukunftsperspektiven der EU-Öko-Audit-Verordnung in Deutschland

Diplomica 2009 / 116 Seiten / 39,50 Euro

ISBN 978-3-8366-6212-3
EAN 9783836662123

Mit EMAS wurde von der EU ein Umweltmanagement- und Umweltprüfungssystem geschaffen, das Organisationen seit 1995 auf freiwilliger Basis ermöglicht, ihren Beitrag zum Umweltschutz zu leisten und ihr ökologisches Image zu verbessern. Gleichzeitig soll EMAS auf der europäischen Ebene mithelfen, die Umweltzielstellung der EU im Rahmen einer nachhaltigen Entwicklung zu verwirklichen.

Im Jahre 2001 erfolgte eine Revision von EMAS zur EMAS II, bei der u.a. die ISO 14001 Regelungen teilweise mit integriert wurden. Seit dieser Zeit sank auch die Teilnehmeranzahl in Deutschland von damals ca. 2.000 auf derzeit noch ca. 1.500 Organisationen. Auf europäischer Ebene steigt zwar die Teilnehmerzahl, bleibt aber auch hinter den Erwartungen zurück.

Derzeit ist für EMAS eine Revision zur EMAS III in Arbeit, die sich aber wahrscheinlich bis 2010 hinziehen wird. Hierbei werden die möglichen Neugestaltungsvorschläge und deren Umsetzungsmöglichkeiten diskutiert.

Dieses Buch soll einen Überblick über Umsetzung und Entwicklung von EMAS in Deutschland bieten. Die wesentlichen Ursachen dieser Entwicklung werden aufgezeigt, und es wird beurteilt, inwieweit die Ziele des Systems erreicht wurden. Des Weiteren werden der aktuelle Stand der Revision zur EMAS III und die wesentlichen Neugestaltungsvorschläge der interessierten Kreise diskutiert, um mögliche Zukunftsperspektiven für EMAS aufzuzeigen.

Jens Lüdeke

Biomasseanbau und Naturschutz
Reformvorschläge für einen zunehmend ökologisch, gesellschafts- und klimapolitisch fragwürdigen Anbau von Biomasse

Diplomica 2009 / 184 Seiten / 49,50 Euro

ISBN 978-3-8366-6613-8
EAN 9783836666138

Reihe Nachhaltigkeit
Band 18

Die Klimaerwärmung ist in aller Munde. Als Lösungsansatz wird u.a. die Bioenergie angeboten und tatsächlich boomen Biogasanlagen und Biosprit auch gewaltig.

Die bisher vorherrschende euphorische Sichtweise auf die Bioenergie wird dabei einer kritischen Evaluierung unterzogen. Nicht nur die negative Klimabilanz von Biosprit, sondern auch die mit der Bioenergie verbundenen Risiken für Natur und Umwelt spielen dabei eine Rolle. Nachfolgend wird die mit dem Biomasseanbaus zusammenhängende Flächenkonkurrenz zur Nahrungsmittelproduktion und zum Naturschutz stärker ins Blickfeld gerückt.

Diese Konkurrenz führt in Ländern des Südens bereits zu Hungerrevolten.

Den Fokus dieses Buches bilden jedoch die bestehenden Konflikte mit den Zielen des Naturschutzes.

Anknüpfend wird eine Strategie entwickelt, den Ausbau der Biomasseproduktion in einem ökologischen Sinne zu optimieren.

Dafür müssen Nachhaltigkeitskriterien entwickelt werden. Die Studie zeigt die gängigsten Vorschläge zur Erreichung von Nachhaltigkeit auf.

Im Anschluss werden Möglichkeiten erläutert, naturschutzfachliche Ziele durch Steuerung des Biomasseanbaus mit existierenden legislativen und exekutiven Mitteln zu erreichen.

Als Resümee werden schließlich Reformvorschläge für die Rechtsetzung und das konkrete Verwaltungshandeln unterbreitet, die Möglichkeiten für die Rettung des Klimas mit dem Biomasseanbau auch ohne Kolalateralschäden an der Natur aufzeigen.

Robert Busch

Nachhaltige Flächenbelegung für nachwachsende Rohstoffe
Landwirtschaftliche Produktion und Konsum tierischer Lebensmittel in Deutschland

Diplomica 2009 / 128 Seiten / 39,50 Euro

ISBN 978-3-8366-6695-4
EAN 9783836666954

Die Bewertung der Nachhaltigkeit nachwachsender Rohstoffe findet immer öfter seinen Fokus in dem Faktor der verfügbaren Fläche. Landwirtschaftlich nutzbare Fläche ist begrenzt. Anliegen dieser Studie ist die Analyse alternativer Flächenpotenziale in der Landwirtschaft in Deutschland. Die Studie beschäftigt sich mit der Erörterung von Nutzungspfaden, Zielen und Umweltwirkungen nachwachsender Rohstoffe einerseits und der Analyse von Freisetzungspotenzialen landwirtschaftlicher Flächen durch Verminderung von Produktion und Konsum tierisch basierter Nahrungsmittel andererseits. Die Berechnungen dazu basieren auf der globalen Inanspruchnahme von Landwirtschaftsflächen für die Produktion von Futtermitteln. Den Kontext der Studie bilden Überlegungen zu einer weltweit gerechter gestalteten, nachhaltigen landwirtschaftlichen Flächennutzung.

Christian Puls

Green Buildings: Nachhaltiges Bauen auf dem deutschen und amerikanischen Gewerbeimmobilienmarkt

Diplomica 2009 / 112 Seiten / 59,50 Euro

ISBN 978-3-8366-7352-5
EAN 9783836673525

Ein Green Building ist eine Immobilie, welche die Reduktion des Einflusses auf Umwelt und menschliche Gesundheit zum Ziel hat. Green Buildings werden entworfen, um Strom und Wasser einzusparen und um negative Auswirkungen auf Mensch und Umwelt über den gesamten Lebenszyklus zu minimieren.

Dieses Buch analysiert aus Sicht des deutschen und amerikanischen Gewerbeimmobilienmarkts die Faktoren, welche die Green Building-Bewegung derzeit vorantreiben. Es verdeutlicht an praktischen Beispielen, wie sich Investitionen in nachhaltige Gebäude rechnen und gibt einen Überblick über die angewandten Techniken.

Weiterhin wird darüber aufgeklärt, welche Vorschriften und Zertifikate das nachhaltige Bauen in der BRD und den USA bestimmen und auszeichnen. Besonderes Augenmerk liegt hierbei auf der Rolle des amerikanischen Zertifikats für „Leadership in Energy and Environmental Design“ (LEED) sowie des Zertifikats der Deutschen Gesellschaft für nachhaltiges Bauen. Abschließend gibt eine Umfrage unter Experten Einblicke in die derzeit vorherrschenden Meinungen über Green Buildings und zeigt mögliche Potenziale dieser Bewegung auf.

Printed in Germany
by Amazon Distribution
GmbH, Leipzig